昭通山地页岩气多重输运机制及生产优化技术

胡书勇　张佳轶　黄文海　刘　成　等编著
饶大骞　王海涛　邱婷婷

石油工业出版社

内 容 提 要

本书以昭通山地页岩气示范区为研究对象,对山地页岩气藏开发过程中的渗流机理以及产能评价技术进行研究,主要内容包括昭通山地页岩气藏地质特征、山地页岩气藏微观孔隙结构表征、储层多重流动控制机制、页岩气井产能试井分析技术、页岩气井产量递减分析及 EUR 评价方法。本书针对页岩气独特的赋存特征以及气井生产特征,提出了新的动态配产方法和气井产量递减分析模型优选方法。

本书适合从事页岩气藏开发的科研人员和工程技术人员及高校相关专业师生参考借鉴。

图书在版编目（CIP）数据

昭通山地页岩气多重输运机制及生产优化技术 / 胡书勇等编著 . -- 北京：石油工业出版社，2024.7
ISBN 978-7-5183-6260-8

Ⅰ.①昭… Ⅱ.①胡… Ⅲ.①油页岩 – 油气藏 – 渗流 – 研究 Ⅳ.①P618.13

中国国家版本馆 CIP 数据核字（2023）第 168534 号

出版发行：石油工业出版社
　　　　　（北京安定门外安华里 2 区 1 号楼　100011）
　　网　　址：www.petropub.com
　　编辑部：（010）64523541　　图书营销中心：（010）64523633
经　　销：全国新华书店
印　　刷：北京九州迅驰传媒文化有限公司

2024 年 7 月第 1 版　2024 年 7 月第 1 次印刷
787 毫米 ×1092 毫米　开本：1/16　印张：9.75
字数：220 千字

定价：80.00 元
（如出现印装质量问题，我社图书营销中心负责调换）
版权所有，翻印必究

前　言

页岩气作为一种清洁能源，不仅是国家能源储备的重要来源，也是实现双碳目标的重要保障。面对来自国际形势、能源安全以及环境保护的多方压力，国家大力推动页岩气勘探开发进程。与欧美相比，尽管我国页岩气开发工作起步较晚，但经过不断的攻关与探索，中国以四川盆地为重点，建立了涪陵、长宁－威远和昭通等国家级页岩气示范区，页岩气开发进程已迈入工业化阶段。

昭通页岩气示范区位于四川盆地边缘，属于盆外复杂构造区，与长宁－威远区块相邻。气藏埋深变化幅度大，其中埋深小于2000m的区域占据2/3，是山地浅层页岩气藏的典型代表。不同的地理位置与沉积环境造就了昭通页岩气示范区高演化、强改造、高应力的储层特征，进而导致了其储层物性、孔隙结构和气体赋存规律等方面也呈现出与盆地内其他中深层页岩气藏不同的特征。虽然经过多年的探索，昭通页岩气示范区已进行了规模化建设，但独特的山地页岩气特征给气藏后续的高效开发工作带来了诸多挑战：（1）储层内微观孔隙结构复杂，流体的多重运移机制尚不明确；（2）气井产能评价技术尚不成熟，当前方法适用性不强；（3）页岩气井投产后产量递减快，传统递减分析方法不适用。

2017—2020年间，西南石油大学承担了国家科技重大专项"昭通页岩气勘探开发示范工程"项目的一个子课题，围绕页岩气规模、高效开发的重大技术需求，以昭通页岩气示范区为研究对象，采用实验与理论相结合的研究手段，针对上述问题展开了科技攻关。本书就是在此研究成果基础上深化发展的最新成果。

本书由西南石油大学胡书勇策划并整体设计，在该专项圆满完成研究任务后，经过多次讨论、组织编写，最后由胡书勇、张佳轶统稿、审校。全书共4章：第1章首先从构造、沉积和有机地球化学方面对昭通地区页岩储层的地质特征进行了介绍，由刘成、饶大骞编写；第2章采用扫描电镜实验、氮气吸附实验、二氧化碳吸附实验、核磁共振实验多种实验手段，通过大量的样品分析，深入剖析了昭通地区页岩储层的微观孔隙结构，在此基础上利用甲烷等温吸附测试、气体扩散测试以及岩心应力敏感测试，梳理气体在不同储集空间的流动规律，阐明了页岩气的多重流动控制机制，由胡书勇、张佳轶编写；第3章主要介绍了页岩气井的产能评价方法，同时基于第二章实验结果建立了适用于昭通地区的页岩气井动态配产新方法，由王海涛、邱婷婷编写；第4章首先对传统的页岩气井产量递减分析方法进行了简要介绍，其次在前述气体多重流动控制机制研究成果的基础上，建立了基于五线性流的页岩气藏压裂水平井渗流模型，并提出了相应的产量递减分析新方法，由黄文海、胡书勇、饶大骞编写。

  本书是西南石油大学与中国石油浙江油田公司广大科技人员通力合作的集体成果，作为国家科技重大专项"昭通页岩气勘探开发示范工程"项目子课题的一部专著，也参考了总课题的部分内容，并对这些内容进行了梳理，作为有机整体形成生产动态分析技术。先后参加此项工作的还有李勇凯、夏莲等当时在读研究生。中国石油浙江油田公司西南采气厂的相关领导、专家提供了宝贵的现场资料，在此表示衷心的感谢。同时，本书中有部分资料引自参考文献、学术报告或学术交流材料等，有些没有一一标注，特向所有作者表示感谢与敬意。

  由于作者水平有限，书中不当之处在所难免，请读者批评指正。

目 录

1 昭通页岩气示范区页岩气藏地质特征 ········· 1
    1.1 构造特征 ········· 1
    1.2 地层特征 ········· 1
    1.3 沉积特征 ········· 7
    1.4 地层展布特征 ········· 8
    1.5 储层页岩岩石学特征 ········· 8
    1.6 流体性质及温度压力系统 ········· 11

2 昭通页岩气示范区页岩微观孔隙结构及流动控制机制 ········· 13
    2.1 页岩储集空间类型 ········· 13
    2.2 页岩微观孔隙结构特征 ········· 16
    2.3 页岩气多重流动控制机制 ········· 23

3 昭通页岩气井产能试井分析 ········· 43
    3.1 产能试井测试技术 ········· 43
    3.2 产能试井分析方法 ········· 44
    3.3 实测数据产能试井分析 ········· 53
    3.4 页岩气水平井动态配产方法 ········· 88

4 昭通页岩气示范区页岩气井产量递减分析及 EUR 计算 ········· 100
    4.1 页岩气井产量递减模型 ········· 100
    4.2 页岩气藏压裂水平井渗流数学模型 ········· 106
    4.3 基于五线性流的页岩气藏压裂水平井产量递减分析方法 ········· 126
    4.4 昭通页岩气井产量递减分析技术 ········· 135

参考文献 ········· 147

1 昭通页岩气示范区页岩气藏地质特征

昭通页岩气示范区位于四川盆地南缘外高山区，主要为山地、高原地貌，具有"强改造、过成熟、高地应力"的山地页岩气地质特征，主要发育海相、陆相两大沉积组合，即从震旦系→古生界→中—下三叠统沉积的海相地层和上三叠统→中—下侏罗统→下白垩统沉积的陆相地层。其中大部分地区为中生界红层覆盖，约占了四分之三，总厚度为2100~5250m。古生界主要出露于珙县和盐津县—筠连县大雪山附近，组成两个较大的背斜，占了约四分之一的面积，总厚度为2109~4604m。新生界仅有第四系的一部分，零星分布在河谷两侧，厚0~27m。下寒武统筇竹寺组、下志留统龙马溪组、上奥陶统五峰组、上二叠统乐平组和中志留统罗惹坪组等海相黑色页岩是本区内主要气源岩。其中，下志留统龙马溪组—上奥陶统五峰组厚度大、有机质丰度高、有机碳含量高、保存较好，为本区页岩气开发的重点目标层系。

1.1 构造特征

在区域构造上，昭通页岩气示范区位于四川台坳川南低陡褶带南缘罗场复向斜之建武向斜西翼，南接东西走向的大雪山背斜带，与滇黔北坳陷相邻，西为孤立的黄金坝背斜构造。沉积地层从震旦系到侏罗系，厚约6000~7000m。各个构造带北高南低，北半段褶皱强，断层发育，整体呈现出强改造、高演化的特点，储层非均质性强，部分区域天然裂缝发育。

其中，黄金坝ZA井区构造上位于四川台坳川南低陡褶带南缘罗场复向斜之建武向斜西翼，区域上处于四川盆地与云贵高原的过渡带，主体构造比较平缓、区域展布稳定，地层总体倾向东北，地层倾角较小，区块内断裂不发育，地腹主要断层以逆断层为主（图1.1）。

地震资料显示，靠近工区（昭通页岩气示范区）东部和北部边界有4条较大断层（F_1—F_4），其中以F_1断层断距最大，延伸最远。F_1断层位于建武向斜上罗次凹南翼，走向平行于构造轴线，倾向北、北西，倾角25°~45°，断层长14km，落差为5~80m，断层主体位于三维工区内，可靠程度较高。F_2、F_3、F_4断层相对较小，延伸较短。

1.2 地层特征

昭通页岩气示范区地表主要出露侏罗系和三叠系。据ZA井及邻区ZB107、Z104、N201井钻井揭示，从地表至沉积基底，地层层序依次为侏罗系，三叠系须家河组、雷口

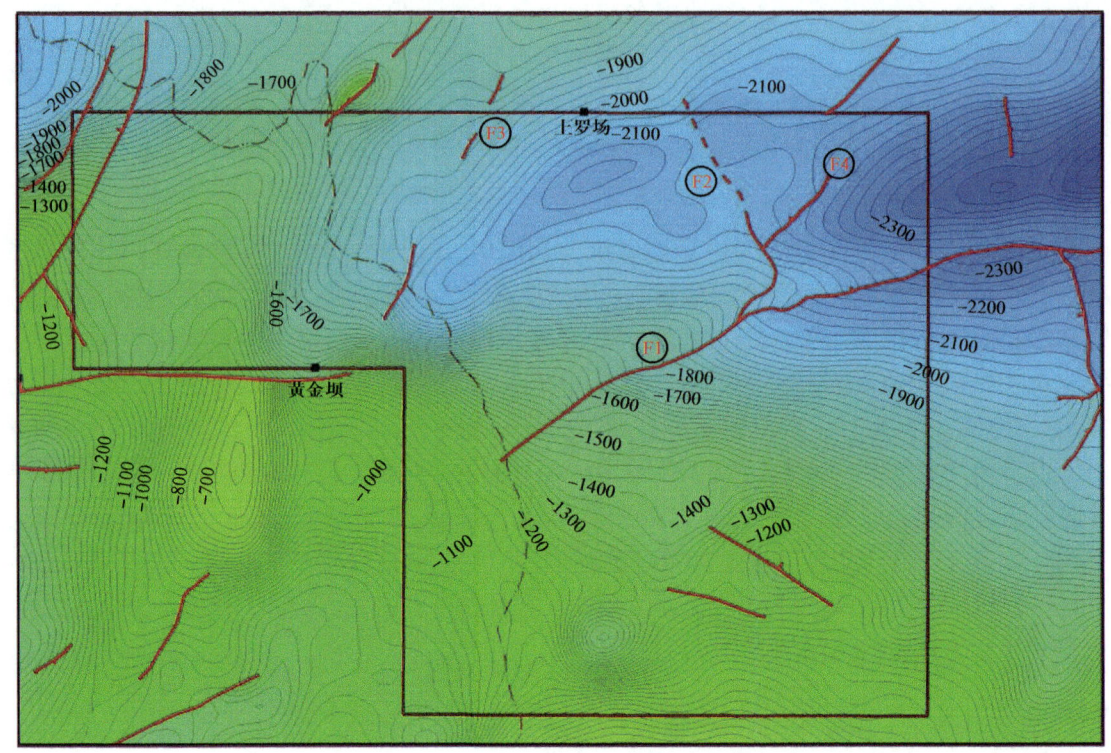

图1.1 ZA井区志留系龙马溪组底界构造图

坡组、嘉陵江组、飞仙关组，二叠系长兴组、龙潭组、茅口组、栖霞组、梁山组，志留系韩家店组、石牛栏组、龙马溪组，奥陶系五峰组、宝塔组、大乘寺组、罗汉坡组，寒武系洗象池组、龙王庙组、沧浪铺组、筇竹寺组和震旦系（图1.2）。

ZA井区地区龙马溪组—五峰组页岩在纵向可划分为五峰组、龙马溪组下段、龙马溪组上段。

（1）五峰组。

岩性主要为黑色含硅碳质页岩，ZA井揭示其顶部见一层5cm厚的灰黑色泥灰岩（观音桥段），下部以灰色瘤状灰岩的出现作为与下伏地层宝塔组的分界；测井特征表现为高伽马低电阻，GR124～309.8API（平均值为197.7API），RD9.8～44.8Ω·m（平均值为19.9Ω·m）。顶部观音桥段向北略微增厚，岩性为灰黑色介屑灰岩，具有腹足类、双壳类、介形虫、海百合茎等明显的赫兰特贝动物群特征。

（2）龙马溪组下段。

岩性主要为黑色粉砂质页岩、碳质页岩，局部夹少量的粉砂质、钙质泥岩、粉砂岩，发育厘米级和毫米级的微细纹层，页岩普遍含黄铁矿晶粒，常呈星点状或纹层状，厚度100～130m。测井特征表现为中高伽马低电阻，GR105.9～219.4API（平均值为105.9API），RD3.3～61.1Ω·m（平均值为18.2Ω·m）。龙马溪组下段为黑色页岩并富含大量的耙笔石、栅笔石、雕笔石、锯笔石等，镜下薄片可见硅质放射虫。

1 昭通页岩气示范区页岩气藏地质特征

地层系统			深度 m	厚度 m	剖面	岩性描述
界	系	统	组			
中生界	三叠系	上统	须家河组		348–388		深黑色厚层中粒长石石英砂岩与黑色页岩互层为主，夹煤层
		中统	法郎组		60–80		上部灰岩夹云岩中部云岩夹岩溶角砾岩，下部红色粉砂岩与云岩
			关岭组		224–442		
		下统	永宁镇组	1000	164–639		上部条带云岩夹红色泥岩，中部灰岩、云岩夹岩溶角砾岩，下部灰岩、泥岩
			飞仙观组		352–673		紫红色泥岩夹细砂岩、粉砂岩、页岩，普遍含灰质
上古生界	二叠系	上统	长兴组		20–70		西部砂砾岩玄武岩，中部煤系、东部灰岩为主
			龙潭组		126–137		东部黄绿、灰绿色砂岩、泥岩、煤中西部黄色砂砾岩夹泥岩、煤
			峨眉山玄武岩组	2000	66–385		灰绿、深灰色致密玄武岩
		中统	茅口组		157–313		深灰、灰黑、灰色粉晶灰岩，生物灰屑藻灰岩燧石条带灰岩，下部夹两层眼球状灰岩
		下统	栖霞组		31–350		下部灰、深灰色泥-粉晶灰岩夹灰质团块，上部灰色泥晶灰岩、藻灰岩
	石炭系	上统	巫山群		16–27		白云岩
			威宁群		0–100		下部黑色、深灰色页岩，上部灰色燧石灰岩、白云岩
		下统	大塘阶		351		
			岩关阶	3000	0–120		黑色灰岩夹砂岩、煤层，鲕粒、亮晶灰岩
	泥盆系	上统	望城坡组		148		上部白云岩，下部夹页岩
		中统	曲靖组		80		紫红、灰紫色粉砂岩、页岩夹粉砂质泥岩
			红崖坡组		56–64		
			缩头山组		121–135		
			菁门组		23–83		
		下统	边菁沟组		10–97		灰绿色、紫红色砂岩为主夹粉砂质泥岩
			坡脚组	4000	11–32		
			翠峰山组		29–169		
下古生界	志留系	上统	菜地滩组		0–211		灰黄色、紫红色砂岩、粉砂质泥岩
		中统	大路寨组		70–366		灰色泥岩，常具枕状构造
			嘶风崖组		38–148		灰色薄—中厚层碳酸盐岩
		下统	石牛栏组		0–565		深灰色条带状粉砂质泥岩夹灰岩条带
			龙马溪组	5000	0–455		灰、深灰泥质粉砂岩、粉砂质泥岩夹泥灰岩，化石丰富，灰黑色薄层粉砂质泥岩、泥岩
	奥陶系	上统	五峰组		0–37		浅灰粉晶泥晶灰岩
			洞草沟组		0–44		浅灰至深灰马蹄纹粉晶泥晶灰岩
		中统	宝塔组		0–139		
			十字铺组		0–38		深灰色厚层灰岩，柱状灰岩夹泥灰岩
		下统	湄潭组		0–386		上部灰色粉砂岩、细砂岩，中部黄绿色夹紫色粉砂岩，下部黄绿色泥岩夹灰岩
			红花园组		16–139		黄绿色中层砂质条带云岩夹泥岩
	寒武系	上统	娄山关组 上段		300–600		浅灰色泥质条带白云岩
			娄山关组 下段		200–560		灰、浅灰色中至薄层泥质条带白云岩
		中统	高台组	6000	51–104		紫红色粉砂岩与黄灰色白云岩
		下统	清虚洞组		136–176		深灰色带灰色白云岩夹砂岩，局部有石膏
			金顶山组		108–182		灰白色石英砂岩泥岩互层
			明心寺组		10–164		灰绿、紫红色泥质条带灰岩粉砂岩
			筇竹寺组		179–520		灰黑色砂质页岩、粉砂岩、细砂岩
元古界	震旦系	上统	灯影组	7000	47–704		含膏隐藻白云岩
			陡山沱组		20–900		白云岩、砂质白云岩

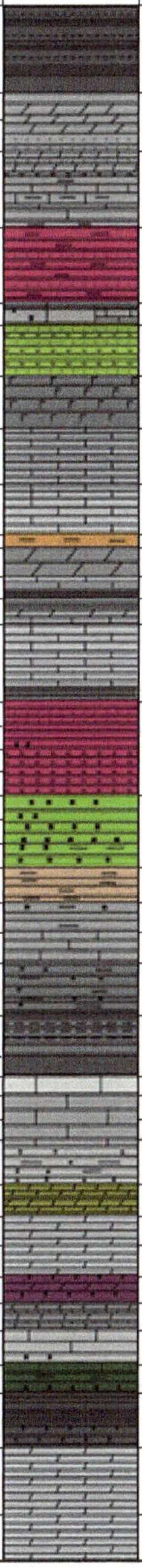

图 1.2 ZA 井区地层综合柱状图

泥岩　　页岩　　碳质页岩　　粉砂质页岩　　粉砂质泥岩　　泥质粉砂岩　　粉砂岩

钙质粉砂岩　　含灰泥岩　　泥灰岩　　灰岩　　砂质灰岩　　生屑灰岩　　白云岩

ZA 井龙马溪组下段暗色页岩厚度为 128m，纵向上有机碳含量、硅质含量以及含气量均呈现出从上往下逐渐增多的趋势。

根据岩性、电性及含气性特征，结合有机碳含量及硅质含量，可将龙马溪组下段地层划分为高碳高硅、中碳高硅、低碳中硅 3 个层（图 1.3），区域上各层地层横向展布较稳定（图 1.4）、厚度基本相当，各层局部地区相对较厚（图 1.5、图 1.6）。其中最底部的Ⅰ段为优质页岩段，全区厚度为 30～40m，有机碳含量高、含气量大、硅质含量高，是页岩气开发的主要层段。

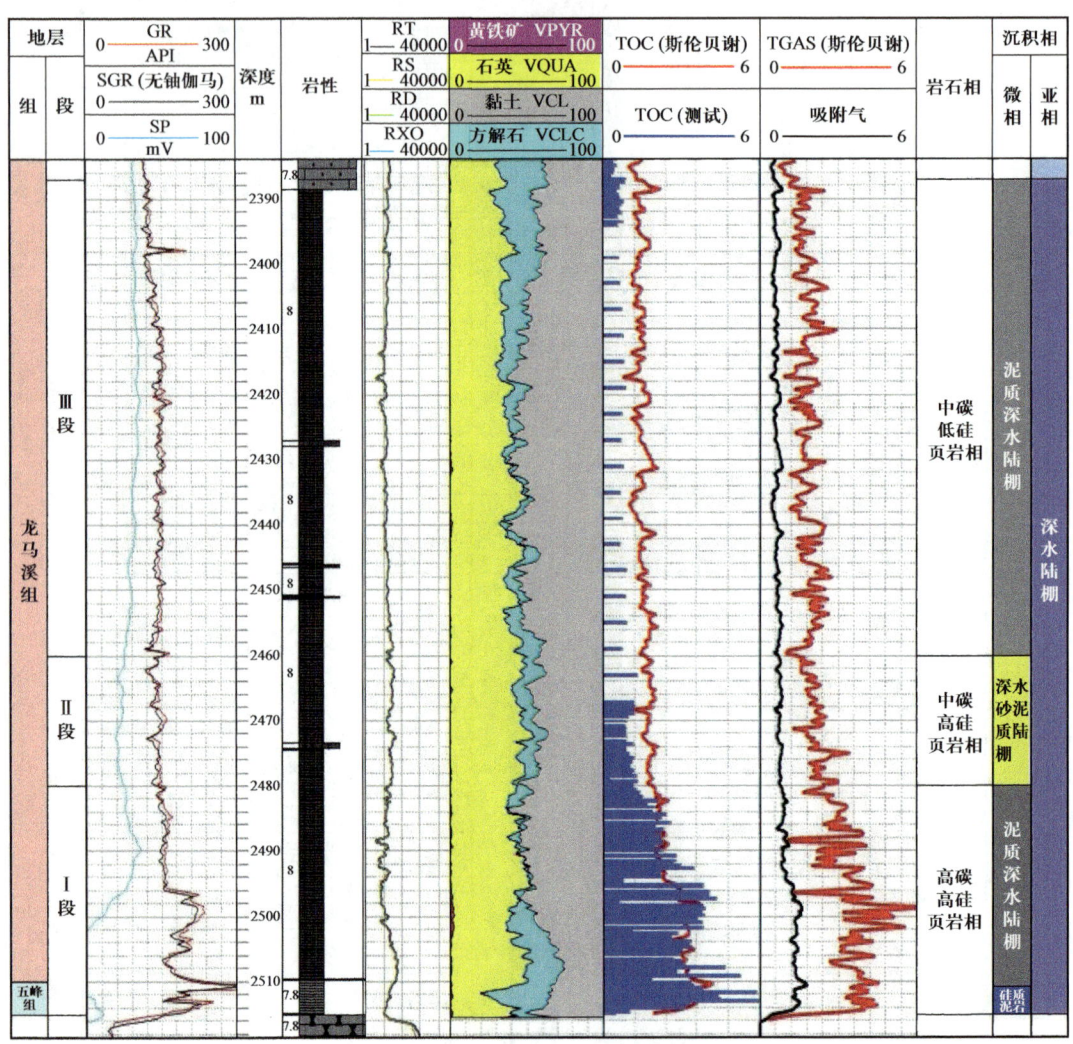

图 1.3　ZA 井龙马溪组下段分层图

（3）龙马溪组上段。

岩性主要为灰色、深灰色、灰黑色灰质泥岩、泥岩、粉砂质页岩夹粉砂岩、泥灰岩或石灰岩，含黄铁矿，厚度 150～175m，与龙马溪组下段呈渐变式过渡，泥岩颜色逐渐变浅，灰质含量逐渐升高，泥质含量降低，且黄铁矿也不断减少。

1 昭通页岩气示范区页岩气藏地质特征

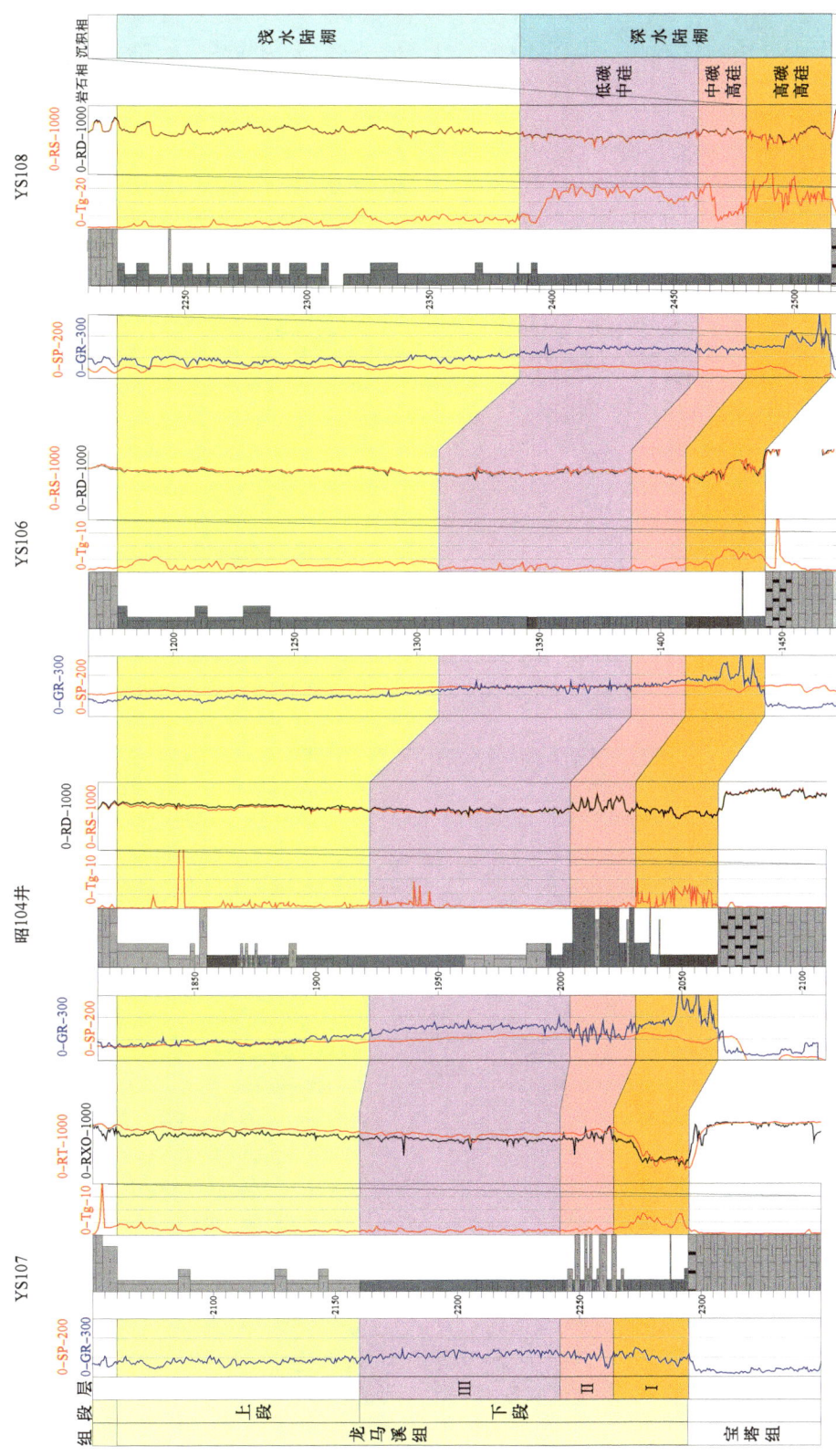

图 1.4 龙马溪组下段细分层连井对比图

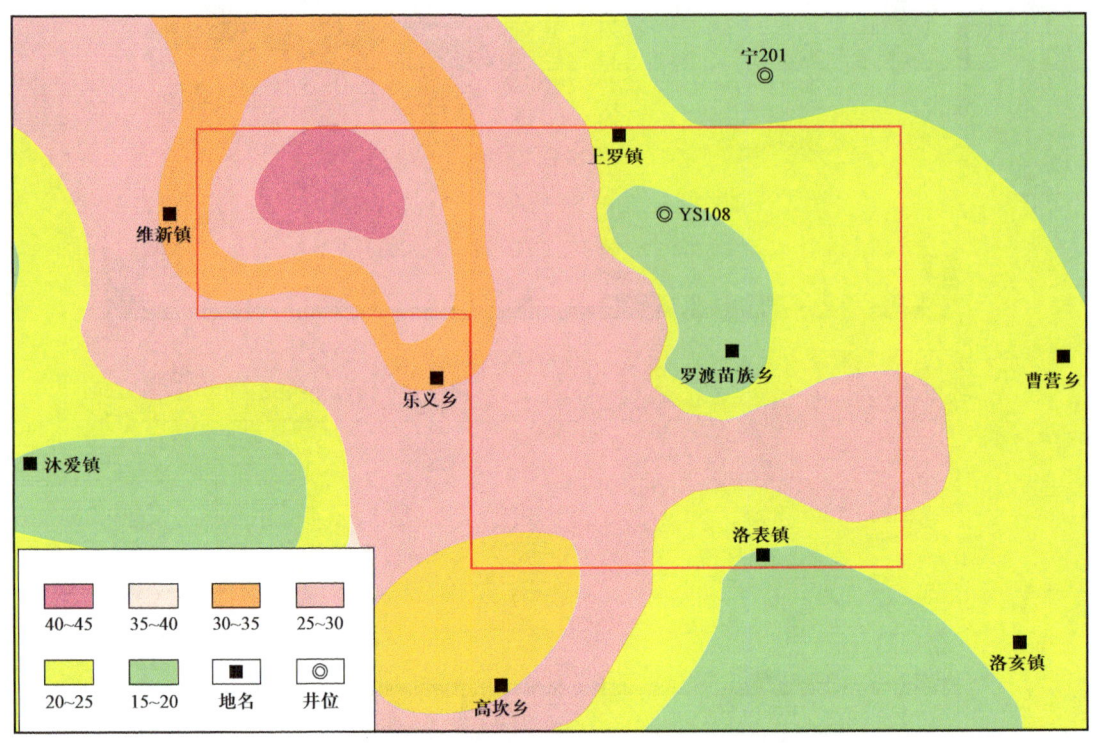

图 1.5　ZA 井区龙马溪组Ⅱ段厚度图

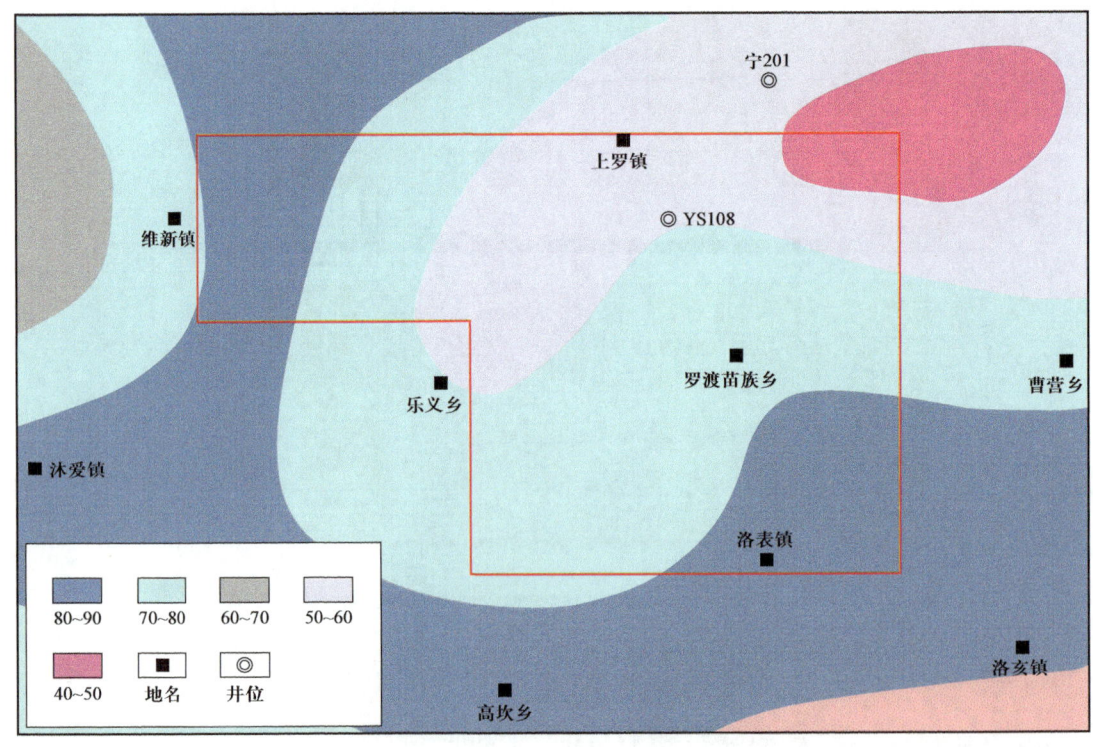

图 1.6　ZA 井区龙马溪组Ⅲ段厚度图

1.3 沉积特征

沉积相分析表明，黄金坝地区龙马溪组—五峰组主要为深水陆棚向浅水陆棚沉积演化序列，与威远、长宁、富顺、丁山、礁石坝地区处于同一川渝黔鄂统一沉积相带上，沉积特征基本相同。根据矿物岩石反映的不同古氧量和古水深特征，将龙马溪组—五峰组划分了两种亚相、10种沉积微相（图1.7、表1.1）。

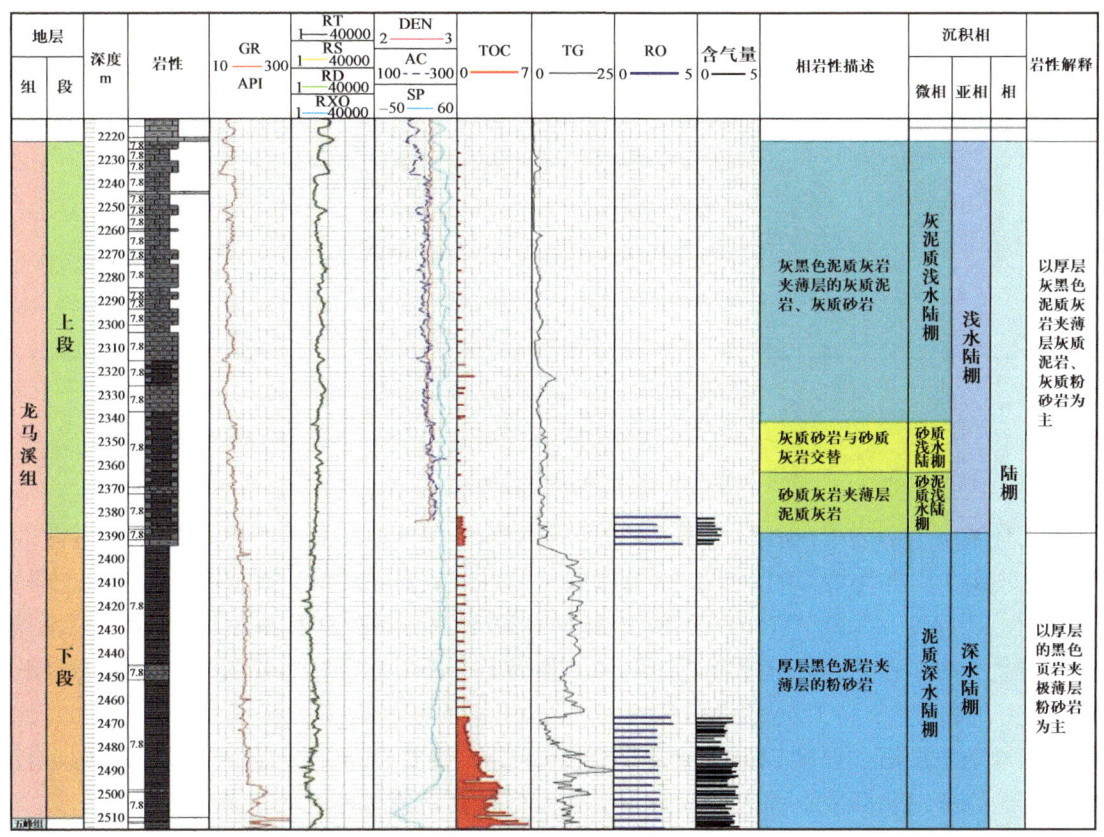

图1.7　ZA井龙马溪组地层综合柱状图

龙马溪组上段区域主要为浅水陆棚亚相沉积，ZA井区以贫氧/厌氧灰泥质浅水陆棚微相为主，岩性主要为灰质泥岩、粉砂质泥岩，发育水平层理，偶见黄铁矿沉积，反映了浅水较低水动能条件下的沉积，局部发育砂质、砂泥质浅水陆棚。

龙马溪组下段区域主要为深水陆棚亚相沉积，ZA井区以厌氧灰泥质深水陆棚微相为主，岩性主要为黑色、灰黑色页岩，页岩中水平层理非常发育，见黄铁矿沉积，显示当时处于低能的还原沉积环境，水动力较弱，是形成页岩气的有利相带，部分地区可见浊流沉积。

五峰组区域主要为深水陆棚亚相沉积，ZA井区以厌氧硅泥质深水陆棚微相为主，岩性主要为深灰、黑灰色页岩，灰质页岩，水平层理发育，指示水体较深、低能的沉积环境，也是形成页岩气的有利相带。

表 1.1 龙马溪组—五峰组沉积微相划分

沉积相	亚相	微相
陆棚	浅水陆棚	风暴层
		常氧/贫氧/厌氧砂泥质浅水陆棚
		贫氧/厌氧泥质浅水陆棚
		贫氧/厌氧灰泥质浅水陆棚
		常氧/贫氧灰质浅水陆棚
	深水陆棚	浊积砂
		厌氧砂泥质深水陆棚
		厌氧泥质深水陆棚
		厌氧硅泥质深水陆棚
		厌氧灰泥质生物泥灰岩深水陆棚

1.4 地层展布特征

龙马溪组主要分布在滇黔北探区北部，向南构造抬升地层剥蚀殆尽。龙马溪组厚度总体上呈现出由南向北增厚的趋势。示范区内龙马溪组页岩厚度为 240~300m，其中龙马溪组上段主要厚度为 150~175m，下段为 100~130m，从东北往西南，页岩厚度逐渐减薄。往四川盆地内部，龙马溪组厚度逐渐增加。从筠连—长宁地区的连井剖面看，龙马溪组分布连续，厚度在 210~320m 之间。

五峰组地层沉积厚度较薄，通常只有 3~13m，主要分布在探区中北部，总体具有南薄北厚的趋势，北部最厚可达 13m 以上，示范区所在位置厚度在 5~8m。

滇黔北探区龙马溪组地层埋深差异较大，中部地区埋藏较浅，向北地层逐渐加深，示范区所处位置志留系龙马溪组及五峰组大部分埋深在 2000~3000m，示范区东北部埋藏较深，有侏罗系覆盖区最深超过 3000m。

1.5 储层页岩岩石学特征

1.5.1 矿物组成

本区储层页岩的矿物组成主要包括以石英、方解石等为主的脆性矿物，伊利石、蒙脱石等为主的黏土矿物和黄铁矿等其他矿物。由于矿物的种类和含量不同，页岩储层的孔隙结构特征也存在差异,其中黏土矿物还与含气量有着密不可分的联系。因此对昭通页岩气示范区的页岩样品进行矿物成分的分析有助于后续更加深入地了解页岩储层的孔隙结构特征。

实验样品取自龙马溪组下部富有机质页岩段(图1.8、图1.9),取样深度为1600~1689.5m。经过X射线衍射实验,获得其矿物组分情况为:石英含量为30.9%~46.5%,平均含量为37.3%;斜长石含量为3.8%~23.5%,平均含量为7.7%;方解石含量为6.8%~19.9%,平均含量为13.5%;白云石含量为1.4%~18.1%,平均含量为7.9%;黄铁矿含量为3.0%~7.5%,平均含量为4.4%;黏土含量为14.1%~35.7%,平均含量为23.1%。具体数据见表1.2。

图1.8 X射线衍射仪

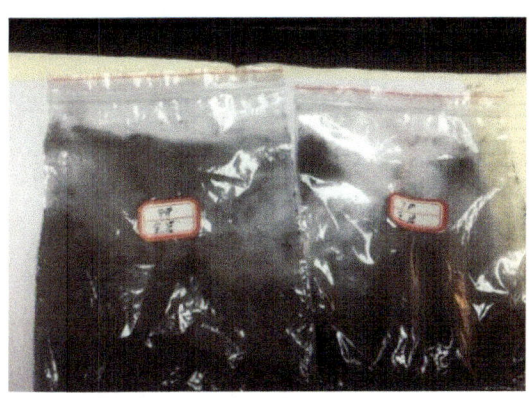

图1.9 样品粉末

表1.2 X射线衍射实验分析结果

样品编号	矿物组成/%						取样位置
	石英	斜长石	方解石	白云石	黄铁矿	黏土矿物	
YX1-1	38.6	6.3	6.8	1.4	4.3	23.8	ZC-4 龙 1_2 层
YX1-2	30.9	23.5	9	2.6	3	24.5	ZC-4 龙 1_2 层
YX2-1	46.5	8.3	8.7	8.6	3.4	17.5	ZC-5 龙 1_1 层
YX2-2	34.1	6.1	14.1	18.1	3.1	24.5	ZC-5 龙 1_1 层
YX3-1	33.8	4.5	19.9	9.8	4.3	28.5	ZA 龙 1_1 层
YX3-2	34.7	3.8	17.8	7.3	5.3	35.7	ZA 龙 1_1 层
YX4-1	40.7	4.3	15.7	7.3	4.5	14.1	ZB12-1 龙 1_1 层
YX4-2	39.3	4.6	16.2	8.1	7.3	15.8	ZB12-1 龙 1_1 层
平均含量	37.3	7.7	13.5	7.9	4.4	23.1	

图1.10更加直观地反映了矿物成分的分布情况。从图中可以看出,示范区页岩样品的矿物成分主要为石英、碳酸盐矿物和黏土矿物,其中石英和黏土矿物含量较高。黏土矿

物对甲烷气体具有很强的吸附性,为页岩气的成藏创造了有利条件,同时也说明了吸附效应对页岩储层含气量的影响十分重要。

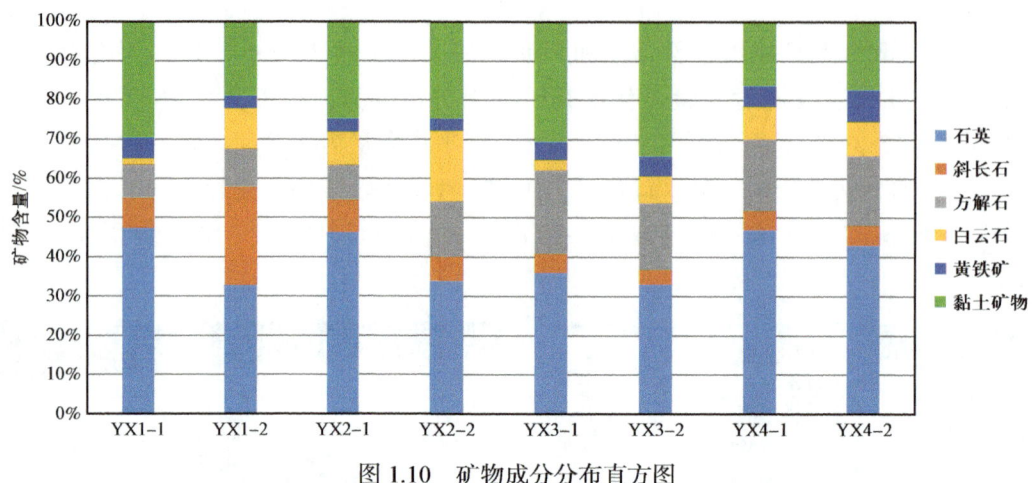

图 1.10 矿物成分分布直方图

1.5.2 有机质特征

页岩气藏是集生、储、盖于一体的非常规天然气资源,其地层自身的有机质特征反映了气藏的成藏条件以及成藏质量,同时也是评价储层是否具备商业开采价值的重要因素之一。页岩的有机质地化特征主要包括:有机质丰度、有机质类型和成熟度三部分。

有机质丰度是反映其生烃能力的重要参数,一般通过有机碳含量(TOC)来表征。有机碳含量是油气从生油气层生成运移后,残余有机质中的碳含量。有机碳含量是评价页岩生烃能力和油气藏质量的重要标准,页岩吸附能力与有机碳含量呈正相关关系。有机碳含量越高,吸附量越大,页岩的吸附能力越强。采用 CS230SH 型有机碳硫分析仪对示范区样品进行实验测量。结果见表 1.3,如图 1.11 所示。

表 1.3 有机碳含量测试结果表

样品编号	取样深度 /m	有机碳含量 /%
ZC105-1	1654.40	1.90
ZC105-2	1659.96	2.00
ZC105-3	1665.68	2.40
ZC105-4	1668.77	2.40
ZC105-5	1675.36	2.60
ZC105-6	1681.00	2.80
ZC105-7	1685.95	4.20
ZC105-8	1688.66	4.90

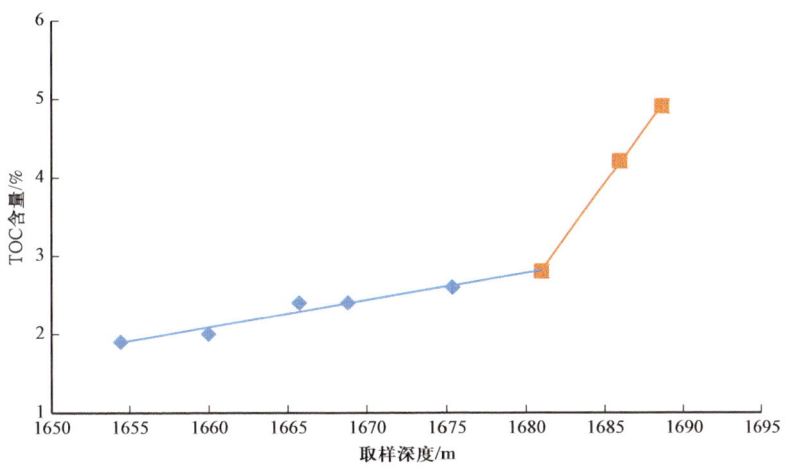

图1.11 取样深度与有机碳关系曲线

结果显示,样品有机碳含量为1.9%～4.9%,平均为2.9%。取样深度与TOC的关系曲线呈双段式,拐点深度为1680m,且随埋深的增加,TOC含量逐渐上升。有机质类型反映了有机质演化形成的最终产物和油气数量的高低,主要分为Ⅰ(腐泥)型,Ⅱ(混合)型和Ⅲ(腐殖)型。研究显示,示范区的页岩样品主要为$Ⅱ_1$型。

有机质成熟度反映了有机质的演化程度,是评价其生烃能力的重要因素,一般用镜质组反射率(R_o)进行表征。本书采用的成熟度的评价标准为:$R_o<0.5\%$为未成熟阶段;$0.5\%<R_o<1.5\%$为成熟阶段,主要演化过程为热催化生油;$1.5\%<R_o<2.0\%$为高成熟阶段,主要演化过程为热裂解生凝析气;$R_o>2.0\%$为过成熟阶段,主要演化过程为深部高温生气。研究结果显示,昭通页岩气示范区的页岩样品镜质组反射率为2.90%～4.36%,平均为3.512%,属于过成熟阶段。

1.6 流体性质及温度压力系统

1.6.1 流体性质

昭通地区龙马溪组页岩气组分以甲烷为主,属于典型的高温高压干气。根据页岩气井气组分分析结果,甲烷含量大于95%,乙烷的含量很低,为0.22%～0.51%。天然气成熟度高,干燥系数(C_1/C_{2+})较高,CO_2含量0.09%～0.11%(表1.4)。等温吸附实验表明,昭通地区五峰组—龙马溪组底部页岩吸附能力好,吸附气含量占总含气量40%～65%。根据PVT实验分析资料,示范区体积系数平均值为0.0057,偏差因子平均为0.90。

页岩储层一般不含可动水,压裂返排液与地层矿物离子交换过程取决于缝网复杂程度和时间维度,其水型和矿化度也在变化之中。早期偏压裂液原水性质,后期随着离子充分的交换,矿化度逐渐升高,水型最终趋于原始沉积环境状态,昭通地区龙马溪组地层水型为重碳酸钠型和氯化钙型,总矿化度在25000mg/L左右,其中Cl^-含量在15000mg/L左右。

表 1.4　页岩气组分分析结果

组分名称	ZB 井含量 /%（摩尔分数）
甲烷	98.35
乙烷	0.51
丙烷	0
二氧化碳	0.09
氮	1.05
氢	0
氦	0

1.6.2　地层压力

昭通示范区页岩地层压力整体表现北高南低、东高西低的特征，如图 1.12 所示。黄金坝地区储层压力系数为 1.4～2.0，且呈现随埋深增加而增大的趋势，表现为明显超压。太阳背斜中埋深小于 2000m 的区域占总示范区的 70% 以上，属于典型的浅层页岩气藏，地层压力系数总体为 1.2～1.6，处于弱超压状态，其中储层埋深 700～2000m 的气井井口压力为 6～12MPa，埋深超过 2000m 的气井井口压力大于 20MPa。

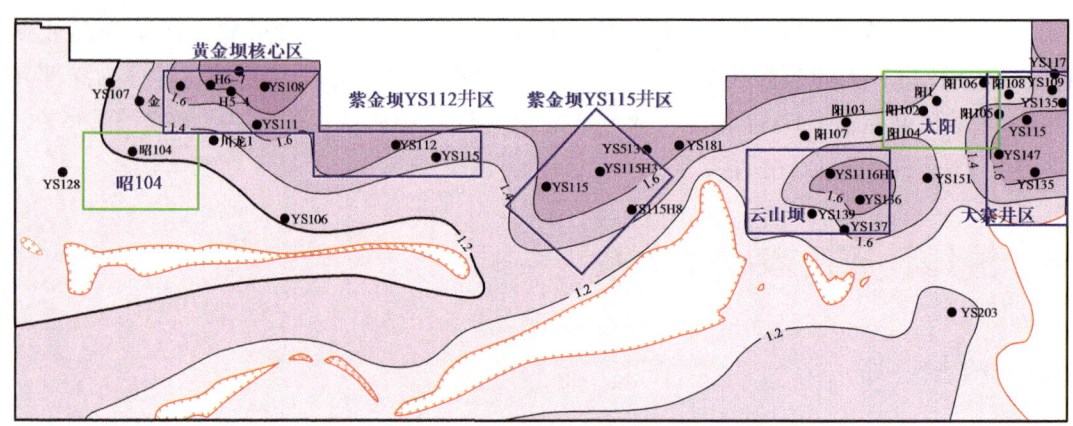

图 1.12　昭通页岩储层地层压力系数分布平面图

1.6.3　地层温度

五峰组—龙一^{1}亚段地温梯度一般为 2.5～3.5℃ /100m，属正常地温梯度，地温梯度和埋深有较好的关系，其中太阳区块浅层地温梯度最低，如阳 1 井浅层地温梯度仅为 2.77℃ /100m，中深层地温梯度要高于浅层，而 ZA 井地温梯度为 3.5℃ /100m。

2　昭通页岩气示范区页岩微观孔隙结构及流动控制机制

2.1　页岩储集空间类型

目前针对页岩储集空间的分类研究主要是依据扫描电镜的观测结果开展的（图2.1、图2.2）。不同学者根据不同的分类标准对页岩储集空间的分类也不同，本书结合前人的分类经验和扫描电镜的观察结果，将昭通页岩气示范区的孔隙结构主要分为有机孔、无机孔和微裂缝，每种结构下由于位置和形状不同又包含有多种不同的孔隙形态。

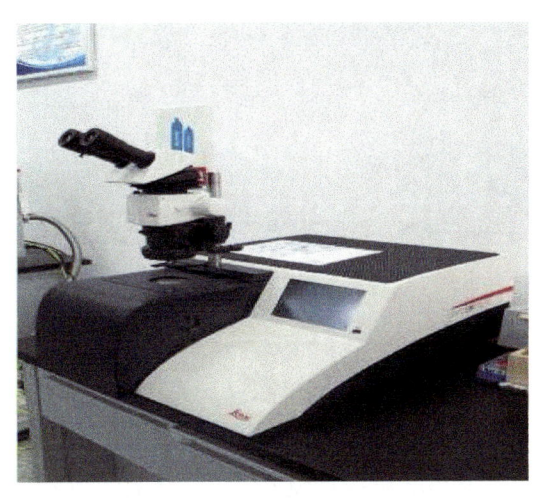
图2.1　三离子束切割仪

图2.2　抛光样品

2.1.1　有机质孔

有机质在电镜图像下为灰黑色，矿物颗粒为浅灰色。有机质通常分布于无机矿物颗粒或黄铁矿颗粒间，有机质孔隙主要发育在有机质内部，其孔隙大小通常为纳米级，一块直径为几个微米的有机质颗粒可含有大量纳米孔，孔径一般介于3~900nm。

根据形态和位置不同，昭通地区页岩样品有机孔可分为圆点状、平板状、长条状等。有机质孔隙对泥页岩的比表面积和孔体积贡献较大，同时对泥页岩的吸附性起着巨大的积极作用。有机孔的形成和富集与有机质的成熟度有关，其主要来源是有机质生成液态或气态烃的过程中留下的残余孔隙，示范区的有机质孔隙多为圆点和细长条状，且孔与孔之间连通性好，分布面积广泛，多以大面积网状结构存在（图2.3至图2.5）。

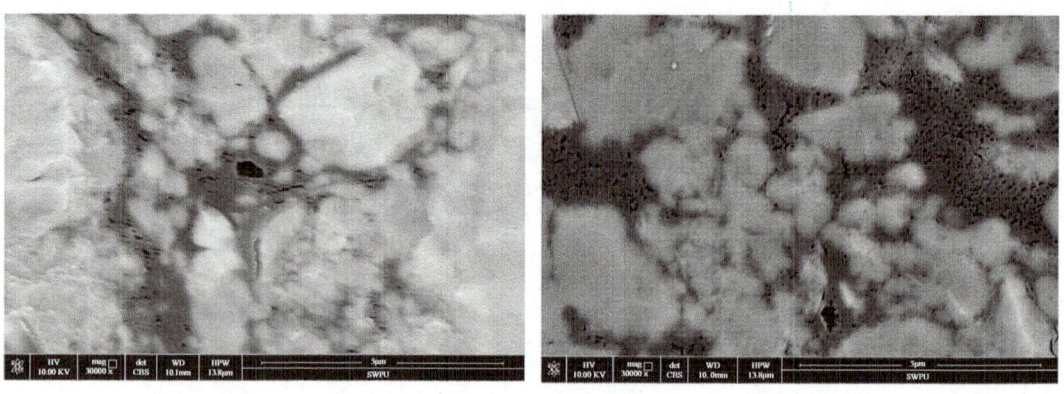

图 2.3 圆点状有机孔

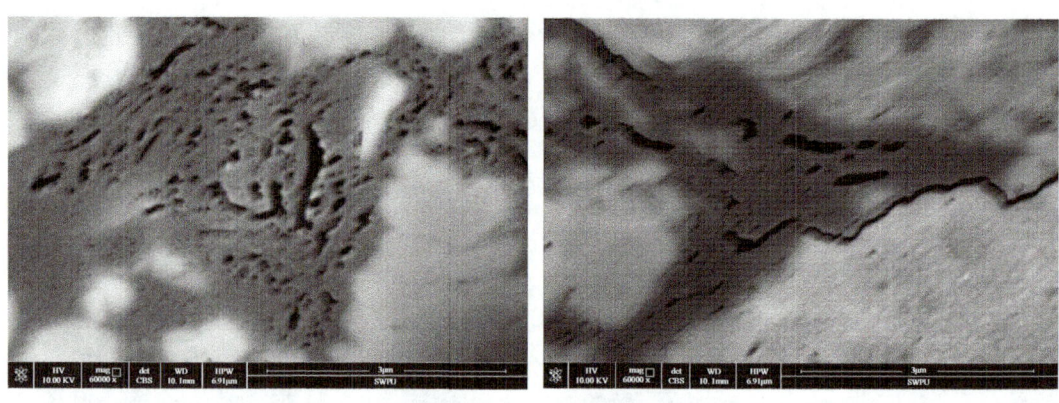

图 2.4 长条状有机孔

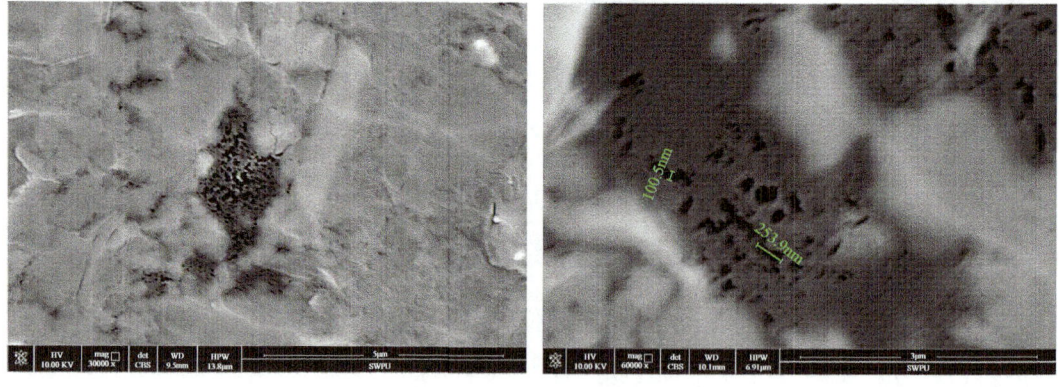

图 2.5 网状结构有机孔网络

2.1.2 矿物颗粒粒间孔

粒间孔是页岩矿物基质孔隙的主要类型之一，是无机孔的主体。粒间孔在初期或浅埋藏的沉积物中很丰富，且通常连通性好，具有可渗透的孔隙网络。然而，这种孔隙网络随着埋深增加、上覆压力和成岩作用的加强而不断演化。在晚期和埋藏较深的泥页岩中，粒间孔隙的数量由于压实和胶结作用而显著降低。电镜图像下,页岩的粒间孔常见于浅灰色的矿物颗粒周围,这些孔隙可见于塑性颗粒(黏土矿物、泥质颗粒)或脆性矿物(石英、长石、方解石)的边界。孔隙分布不均匀,形状不规则(图2.6)。

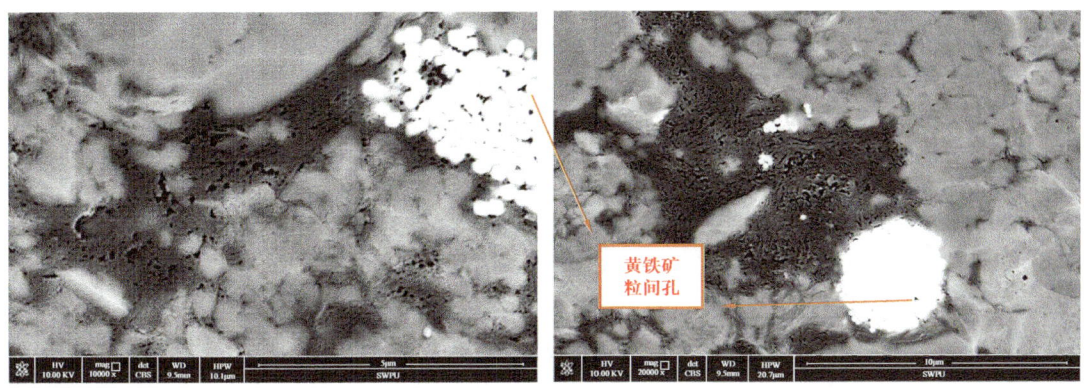

图 2.6　矿物粒间孔

2.1.3　矿物颗粒粒内孔

粒内孔多孤立地发育于矿物颗粒或晶体的内部,也是无机孔的主体,有原生的黄铁矿结合内的孔隙,也有经晚期成岩作用改造后的铸模孔,呈离散分布。粒内孔包含多种类型:(1)由颗粒部分或全部溶解形成的铸模孔;(2)保存于化石内部的孔隙;(3)草莓状黄铁矿结核内晶体之间的孔隙;(4)黏土和云母矿物颗粒内的解理面缝孔;(5)颗粒内部孔隙,如球粒或粪球粒内部(图2.7)。

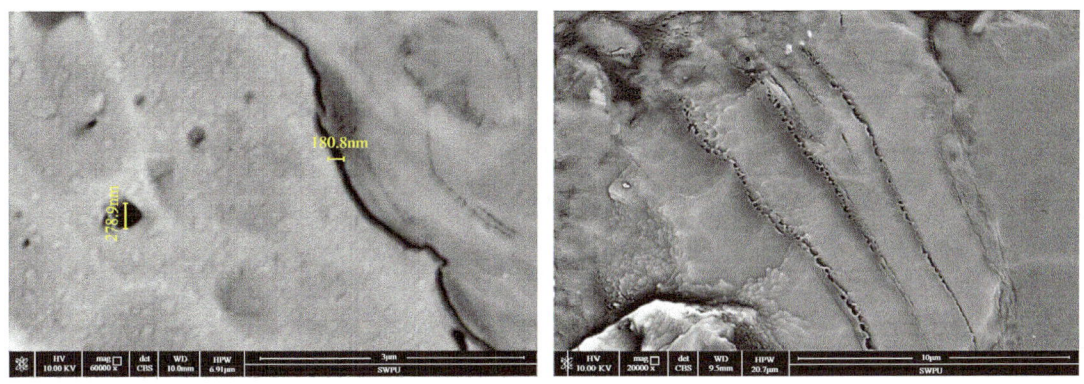

图 2.7　矿物颗粒内孔

2.1.4　微裂缝

微裂缝是页岩一大主要的孔隙形态,也是油气聚集的重要空间。对昭通页岩气示范区的页岩样品沿垂直层理方向取样观察,肉眼可以直接观察到大量天然裂隙,这些裂隙的广泛分布使泥页岩成为有效的油气储集体。通常情况下,微裂缝的宽度、延伸长度及分布范围都较大，且其中常充填有石英、方解石等矿物或者有机质。

根据示范区页岩裂缝所处位置的不同，可把微裂缝分为有机质与骨架颗粒间微裂缝、骨架矿物间微裂缝，骨架矿物内构造裂缝等（图2.8）。

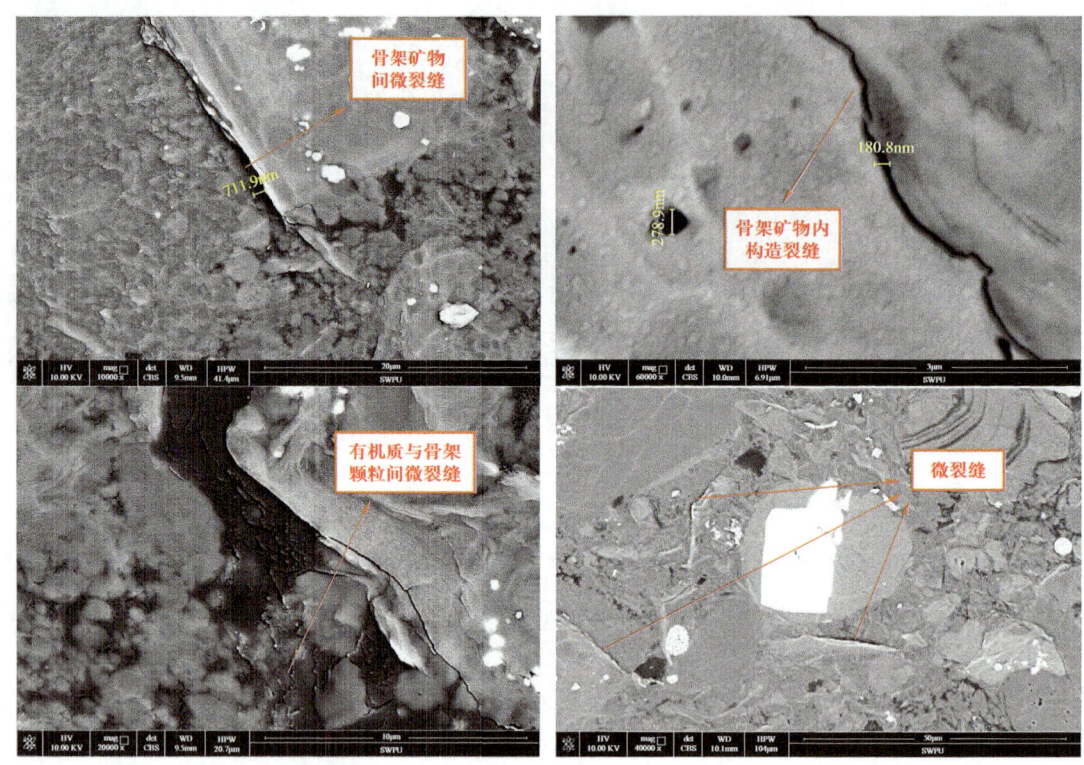

图2.8 微裂缝形态

从扫描电镜的图像上来看，示范区内页岩的孔隙整体发育较好，存在包括有机质孔、粒间孔、粒内孔和微裂缝在内的多种孔隙结构，每种结构内又包含多种形态。其中有机质孔隙最为发育，连通性好，呈现出大面积网状结构。同时电镜下观测到示范区样品微裂缝较为发育，这为页岩气成藏提供了有利的条件，但同时也说明在开发过程中储层会产生一定的应力敏感效应。

2.2 页岩微观孔隙结构特征

与常规储层相比，页岩储层的孔隙结构有显著不同，孔径分布横跨多个尺度。页岩错综复杂的孔隙构造也造成了页岩气的运移具有复杂多变、受多种作用共同影响的特点，例如吸附解吸、扩散等。除此之外，如果储层分布有较发育的微裂缝，在开采的过程中还会有显著的应力敏感效应影响。因此，为了能更好地明确示范区的气体流动运移规律，需要对区块的页岩进行多尺度下的孔隙结构分析。

本书主要采用氮气吸附、二氧化碳吸附和核磁共振的方法来定量表征示范区页岩样品的孔径分布情况，并通过场发射扫描电镜方法直接观测样品的孔隙形态和裂缝发育情况。

2.2.1 氮气吸附实验

2.2.1.1 实验原理

氮气吸附实验的测量范围在 2～200nm，主要用于小孔和介孔的测量。该方法测量比孔容和孔径分布所利用的原理是毛细管凝聚现象和体积置换原理，即用样品孔隙中吸附的液氮量等效表征孔隙的大小。实验过程中以相对压力为横坐标，吸附量为纵坐标绘制等温吸附脱附曲线，根据得到的曲线形状和类型可以推断样品孔隙的大致结构形态。取相对压力处于 0.05～0.35 之间的吸附数据，根据多分子层吸附理论（BET）求取样品的比表面积。

BET 法测量页岩比表面积方程：

$$\frac{p}{V(p_0-p)} = \frac{1}{V_m c} + \frac{c-1}{V_m c} p/p_0 \qquad (2.1)$$

式中　V——页岩吸附量，cm^3/g；

V_m——单分子层饱和吸附体积，cm^3/g；

p——氮气分压，Pa；

p_0——液氮温度下氮气的饱和蒸气压，Pa；

c——吸附常数。

将得到的单分子层饱和吸附体积带入式（2.2）求得比表面积：

$$S_g = \frac{(V_m N A_m)}{22400W} \times 10^{-18} \qquad (2.2)$$

式中　N——阿伏伽德罗常数；

A_m——氮气分子的横截面积，$0.162nm^2$；

W——样品的质量，g；

S_g——样品比表面积，m^2/g。

随着相对压力的上升，在大孔径区域样品会发生毛细管凝聚现象，此时的压力所对应的孔隙半径称为临界孔隙半径，孔隙半径越小，凝聚产生时的压力越小。

根据 Barrett–Joyner–Halenda（BJH）理论对等温吸附曲线进行处理即可得到样品的孔径分布情况。

基于开尔文方程的 BJH 理论公式：

$$\ln \frac{p}{p_0} = \frac{2\gamma V}{rTR} \cos\theta \qquad (2.3)$$

式中　V——液体摩尔体积；

θ——润湿角，(°)；

γ——液氮表面张力，N/m。

2.2.1.2 实验结果

首先将 10g 左右的页岩样品粉碎至粒径为 60~80 目的颗粒，然后放入烘箱中以 80℃ 的温度烘干 12h 以上，恢复至室温待用。实验以 99.999% 的氮气为吸附质，实验温度为 77.4K，测量页岩的氮气吸附量和脱附量，绘制等温吸附线，实验结果如图 2.9 所示。

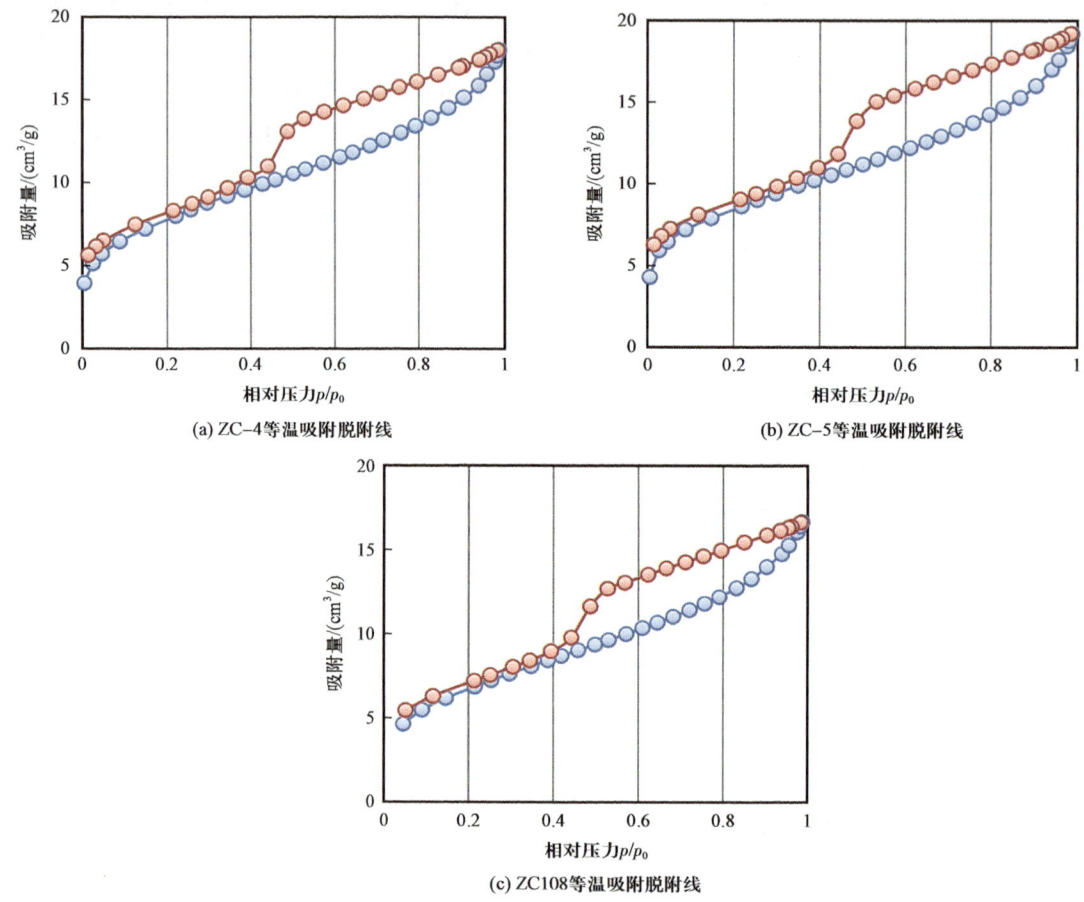

图 2.9 低温氮气吸附脱附曲线

根据实验结果，结合国际纯粹与应用化学联合会（IUPAC）提出的标准物理吸附等温线分类标准和迟滞回线的分类标准（图 2.10、图 2.11），可以看出示范区页岩样品的吸附曲线属于 IV 型等温线。随着压力的上升，等温线在低压区呈线性趋势上升，线性阶段过去后等温线上升幅度变小。当相对压力大于 0.4 之后，样品发生吸附滞后现象，产生迟滞回线，当相对压力接近 1 时，曲线闭合。从迟滞回线的形状来看，样品呈 H2（a）型并兼有 H4 类型，表明内部主要存在墨水瓶状孔；在高压阶段曲线闭合且形态与 H4 型更为相近，表明内部发育一定狭缝形孔和介孔。从实验结果可以看出氮气吸附法反应出的孔隙结构形态与扫描电镜实验观测到的结果体现了较好的一致性。

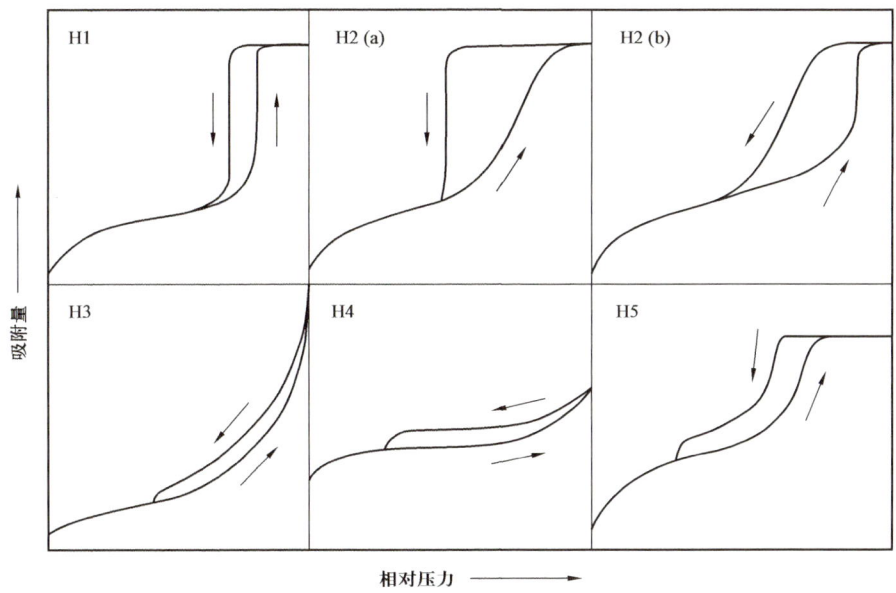

图 2.10 等温吸附线分类标准

根据 BJH 方法得到的样品孔径分布情况如图 2.11 所示。

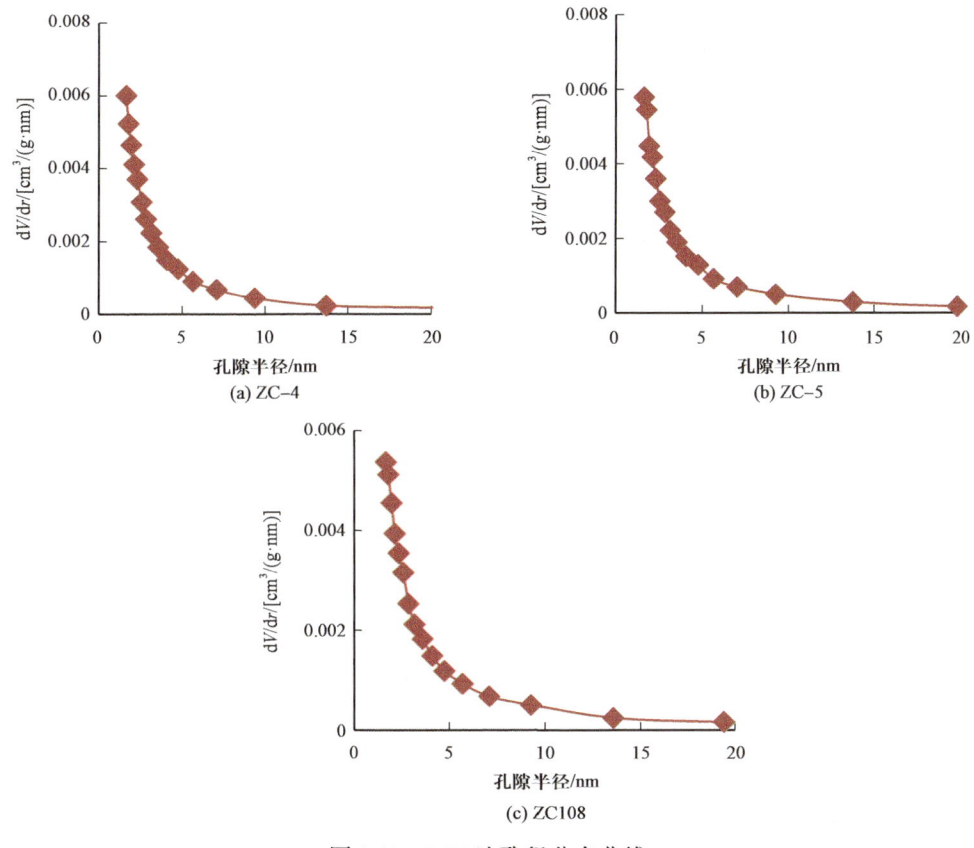

图 2.11 BJH 法孔径分布曲线

随着研究的深入,有关学者指出 BJH 方法仅适用于指定的孔径范围,当研究的孔径超出这个范围时处理结果会产生较大偏差。相关数据表明,孔径低于 10nm 时该偏差会达到 25%。通过调研可以发现 BJH 方法主要用于中孔,不适用于微孔,甚至是较窄的介孔也有很大误差。鉴于这种情况,有学者提出采用密度函数理论(DFT)法进行后续的数据处理。为了进一步研究样品微孔的发育情况,本书采用 DFT 法对数据进行进一步处理,得到结果如图 2.12 所示。

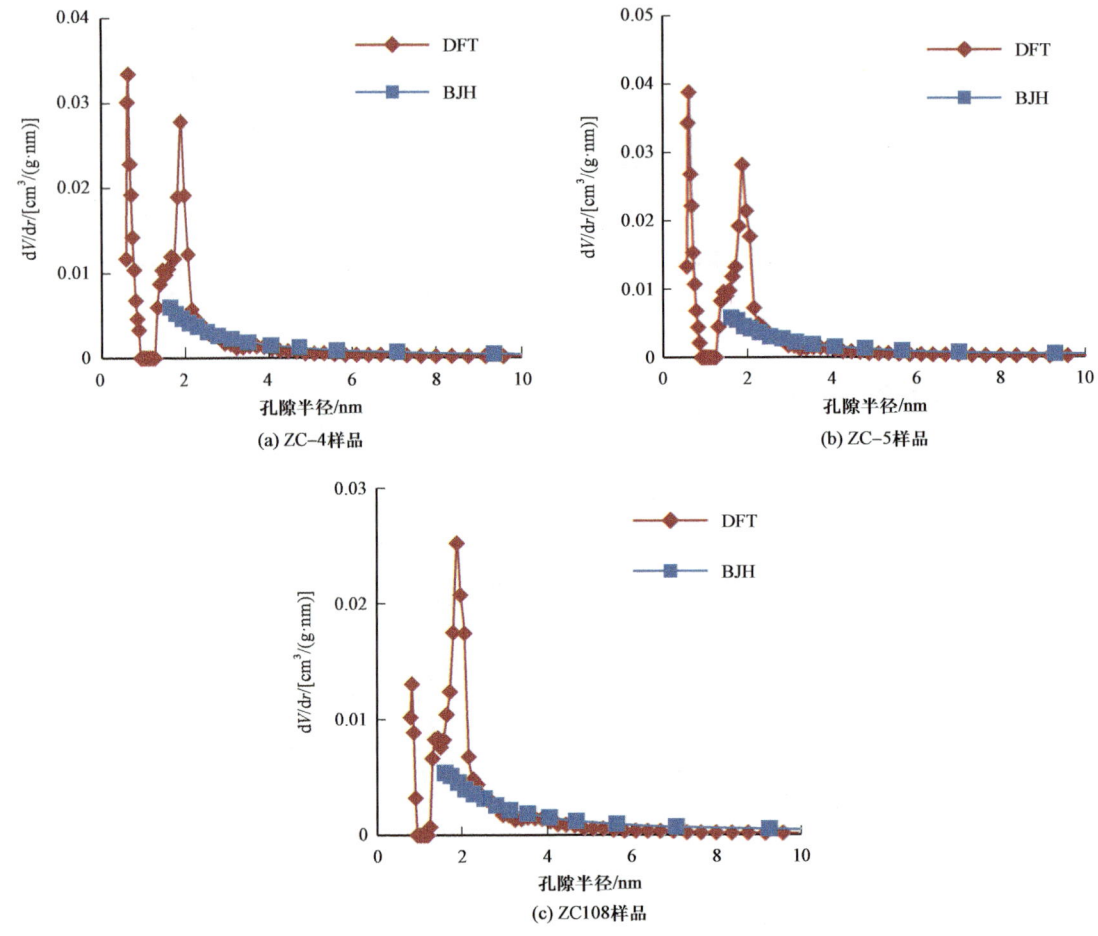

图 2.12 DFT 法孔径分布结果

从处理结果可以看出,当孔径大于 2nm 时,DFT 和 BJH 两种方法的曲线趋势基本相同,表明二者都可以用于介孔分布的描述。但当孔径低于 2nm 时,BJH 方法几乎无法进行表征,而通过 DFT 方法可以得到 1nm 左右的微孔分布情况。尽管两种方法都存在一定局限性,但可以发现曲线的峰值在 2nm 处,说明样品中 2nm 以下的微孔所占比重较大。

综合氮气吸附脱附曲线、BJH 和 DFT 曲线的结果可以看出,研究区页岩样品孔隙结构复杂,多种孔隙形态并存,存在平行板孔、楔形孔以及墨水瓶状孔等。孔隙半径整体处于纳米级，微孔和介孔较为发育，主体孔隙半径处于 10nm 以下，具体参数见表 2.1。

表 2.1 页岩样品氮气吸附实验结果

编号	BJH			DFT		
	孔体积/(cm^3/g)	比表面积/(m^2/g)	平均孔径/nm	孔体积/(cm^3/g)	比表面积/(m^2/g)	平均孔径/nm
ZC-4	0.017	8.439	2.09601	0.026	21.438	0.644
ZC-5	0.018	8.608	2.10632	0.027	23.461	0.652
ZC108	0.017	8.186	2.23127	0.024	18.645	0.631

2.2.2 二氧化碳吸附实验

近年来的研究显示，页岩中存在极其发育的微孔，其孔径普遍低于 2nm。由于气体分子性质的差异，氮气分子在一定条件下无法完全填充微孔，导致对孔径分布的表征出现偏差。而二氧化碳能够更好地填充 2nm 以下的微孔，甚至能达到 0.35nm 以下。所以为了更好地探究昭通区块页岩的微观孔隙结构，对样品进行抽真空烘干等去杂质的处理后，在 273K 温度条件下以 CO_2 为吸附质进行吸附实验。

将页岩样品粉碎至粒径为 60～80 目的颗粒，然后放入烘箱中以 80℃的温度烘干 12h 以上。实验仪器为 ASAP2020 型全自动比表面与孔隙度分析仪，实验结果如图 2.13 所示。

从二氧化碳的吸附曲线可以看出，在实验条件下，随相对压力的上升吸附量呈递增的趋势。曲线形态符合等温吸附线分类中的Ⅱ型的低压部分，没有氮气实验中的毛细管凝聚现象，吸附量整体上反映了样品微孔的情况。

对吸附数据进行分析计算采用 HK 模型，孔径分布图如图 2.14 所示。

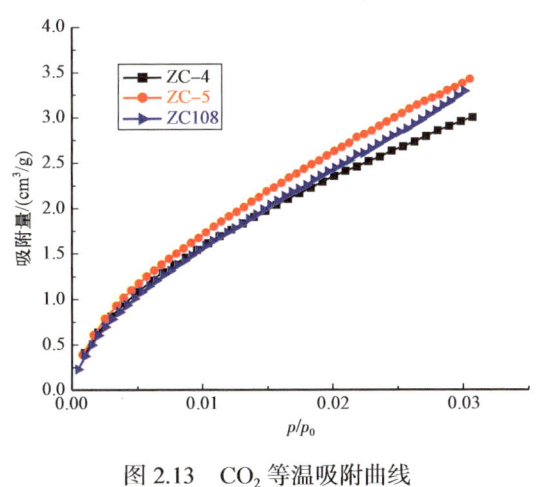

图 2.13 CO_2 等温吸附曲线

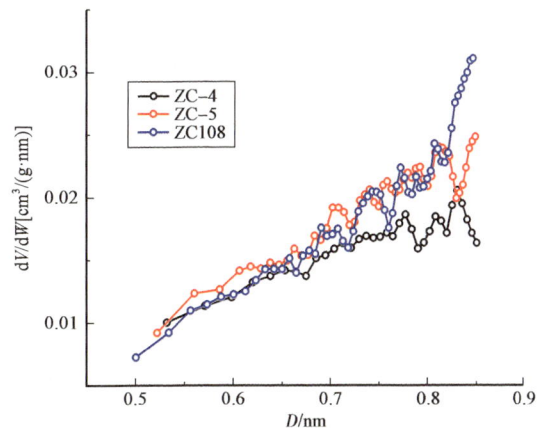

图 2.14 页岩样品微孔孔径分布曲线

从 CO_2 吸附实验得到的微孔孔隙体积分布特征来看，样品微孔的孔径分布集中在 0.5～0.9nm，曲线存在多个峰谷，主要为 0.5nm、0.75nm 和 0.85nm，最大值出现在 0.85nm 处。

2.2.3 核磁共振实验

由于页岩孔隙极为致密，常规的物性测试方法用于页岩的测试存在很多困难。而核磁共振方法以其测试样品规格多样、测试速度快、对样品无损害等优势广泛应用于非常规岩心的物性分析实验中。

由于示范区内页岩样品脆性较大，在钻取标准岩心柱时极易产生人造裂缝，对实验结果影响很大，所以，基于核磁法可满足任意形态样品的这一优势，实验样品改为不规则块状。实验需要对样品进行处理，首先将样品在 80℃条件下烘干约 48 h，然后抽真空 12h，随后用 8%矿化度的地层水对样品进行加压饱和处理。实验结果如图 2.15、图 2.16 所示。

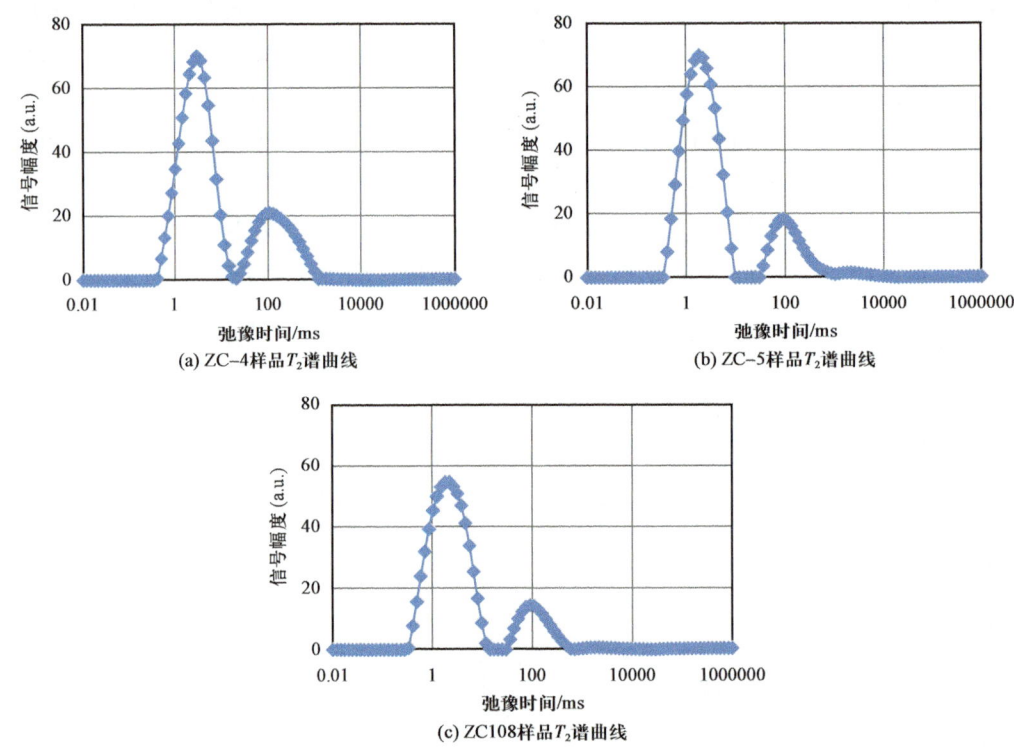

图 2.15　核磁共振实验结果—T_2 谱曲线

T_2 分布表明的是不考虑弛豫与扩散影响下的孔径分布情况。在多孔介质中，孔径越大，氢质子在孔隙中的弛豫时间越长；孔径越小，氢质子在孔中的结合程度越强，弛豫时间越短。这意味着峰的位置与孔径的大小有关，峰值越高，孔径越大。峰的面积与对应的孔隙的数量相关，峰面积越大，对应孔径的孔隙数量越多。NMR 流体的 T_2 横向弛豫时间与孔隙半径间存在以下关系：

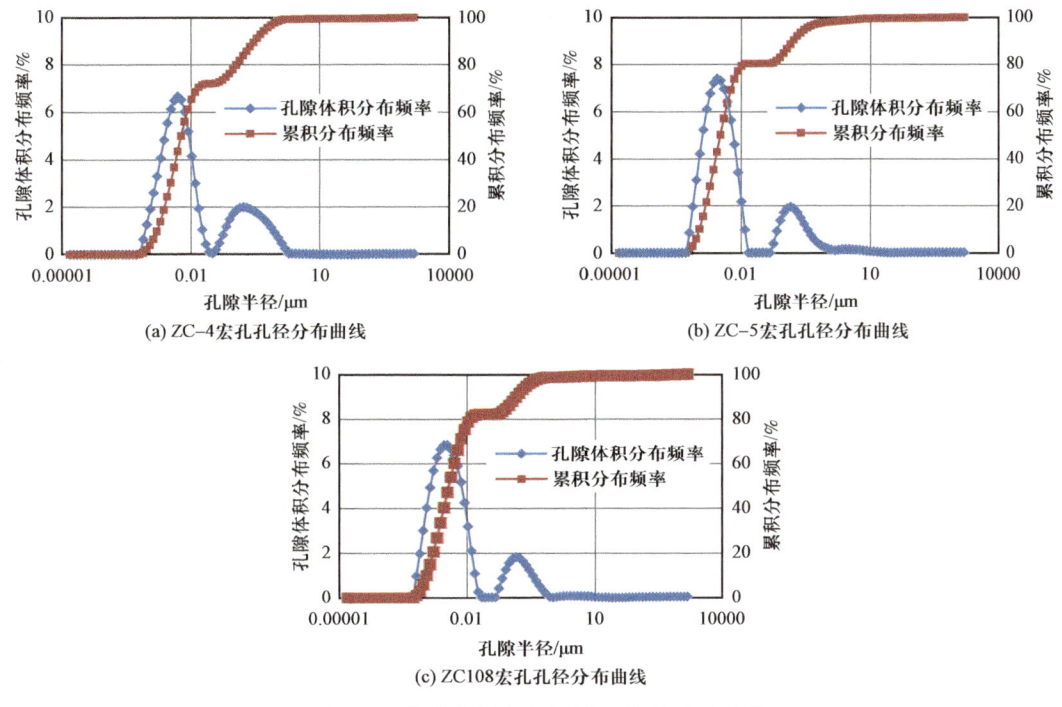

图2.16 核磁共振实验结果—孔径分布曲线

$$r_c = c_2 T_2 \quad (2.4)$$

$$c_2 = \rho_2 F_s \quad (2.5)$$

式中 c_2——毛细管半径和横向弛豫时间的过渡系数。

从T_2谱曲线可以看出，样品主要呈双峰的形态，说明孔隙中两个孔径范围内的孔隙尤为发育。结合孔径分布曲线分析可得，示范区页岩样品的孔径主要集中在10nm以下，微孔发育。除此之外，从曲线上还可以看出样品存在100nm以上的宏孔，这一部分孔隙除了样品本身的裂缝外，还有一部分是在前期样品切割过程中人为造成的次生裂缝。

2.3 页岩气多重流动控制机制

页岩储层孔隙结构复杂，孔径跨度大。昭通页岩储层的孔径分布囊括了从1nm以下的微孔到100nm以上的宏孔，孔隙形态有纳米级的有机孔，也有延伸分布较大的微裂缝。储层复杂的孔隙结构决定了气体流动方式存在多尺度性，各个阶段的孔径下均存在特定的流动方式。在孔隙尺寸为纳米级的页岩基质中，页岩气流动存在多种流动机制，主要包括黏性流、滑脱流、克努森扩散和表面扩散；在人工裂缝或天然裂缝中的流动规律主要以渗流为主，可用达西公式进行描述。随着气体不断被采出，地层压力发生变化，孔隙所受到的有效应力也会随之发生改变，进而会导致储层产生应力敏感问题。这些流动机制同时存在，构成一个相互影响、相互制约的整体过程。

2.3.1 页岩储层等温吸附特征研究

2.3.1.1 吸附解吸理论与吸附模型

页岩储层的多孔介质特征，以及达到纳米级的孔隙尺寸都为页岩气提供了天然的存储空间。目前已经明确页岩储层的天然气主要由吸附气、游离气和溶解气组成，其中吸附气是整个气藏的主体部分。页岩气的吸附解吸问题影响页岩气开发的整个过程，从储层含气量的计算，到气井的产能评价，再到生产过程中的递减分析等，都需要考虑储层的吸附解吸特征。根据前述研究，昭通页岩气示范区页岩储层 2nm 以下的微孔十分发育，而且遍布着大量的有机孔网络，吸附特征显著，因此，对页岩气示范区页岩气储层的吸附解吸规律进行研究有着十分重要的意义。

（1）过剩吸附量理论。

对于煤岩来说，模型中使用的吸附量与实验测出的吸附量是统一的。但是由于页岩埋深较深，地层压力较高，所以会产生二者不一致的情况，在实际计算过程中需要进行转换。一般把实验测出的实际吸附量称为过剩吸附量，把理论模型中用到的吸附量称为绝对吸附量。二者存在以下关系：

$$V_{abs} = V_{ex}/(1 - \rho_g/\rho_a) \tag{2.6}$$

式中 V_{abs}——平衡压力下甲烷绝对吸附量，cm^3/g；

V_{ex}——平衡压力下甲烷过剩吸附量，cm^3/g；

ρ_a——甲烷吸附相密度，g/cm^3；

ρ_g——平衡压力下甲烷气相密度，g/cm^3。

由式（2.6）可以看出，甲烷吸附相密度是二者转换结果是否准确的重要因素。但是目前并无合适的方法可以直接测量出这一参数，有的学者提出通过拟合 Langmuir 参数获得或者根据过剩吸附量与气体密度进行线性拟合获得。胡涛等通过活性炭等温吸附实验，得到 10～50℃下甲烷吸附相密度处于 0.347～0.377g/cm³。Dubinin 通过范德华方程及相关经验公式，得到了吸附态甲烷的密度为 0.371g/cm³。Menon 提出吸附相的密度等于该物质液相的密度。Tsai 等认为吸附相密度等于该物质临界点处的密度。Ambrose 结合分子模拟和 Langmuir 方程，得出吸附相密度为 0.340g/cm³。

（2）等温吸附模型。

① Henry 吸附模型。

Henry 模型的特征是吸附量与压力呈单一的线性关系：

$$V = kp \tag{2.7}$$

式中 V——吸附达到平衡时的吸附量，cm^3/g；

k——Henry 常数；

p——平衡压力，MPa。

研究表明，大多数气体的等温吸附曲线在低压阶段的趋势都接近线性，故可用 Henry

模型描述低压阶段的吸附过程。

② Langmuir 模型。

在现有的吸附模型中，基于单分子层吸附理论的 Langmuir 模型因其结构简单、便于计算等优势广泛应用于吸附规律的研究中。

Langmuir 吸附模型：

$$\frac{V}{V_L} = \frac{bp}{1+bp} \quad (2-8)$$

式中　V_L——Langmuir 吸附量，cm³/g；

V——吸附平衡时的吸附量，cm³/g；

b——常数，温度的函数，1/MPa。

该模型由 Langmuir 于 1918 年首次提出，该模型从动力学理论出发，推导出了单分子层的吸附等温式，所以 Langmuir 模型也称单分子层吸附模型。该模型认为，固体表面存在随机分布的吸附位，吸附平衡是一种动态的平衡，即单位时间内吸附位上的分子吸附速度与脱附速度相同。

随着研究的不断深入，Langmuir 模型也暴露出诸多问题。由于页岩的强非均质性和多种矿物成分组成，模型对实验数据的拟合精度并不高。相关学者从 Langmuir 模型出发推导出了不同的模型，例如 Toth 模型、L-F 模型、E-L 模型等，这些模型都是基于 Langmuir 模型的扩展形式，只是假设条件不同。

③ BET 模型。

BET 多层分子吸附理论是对 Langmuir 单层分子吸附模型的补充，于 1938 年由 Brunauer、Emmett 及 Teller 三人提出，该模型将 Langmuir 单分子层吸附理论模型扩展到多分子层吸附模型，是当前根据吸附等温线计算固体颗粒比表面积的重要基础。

BET 多层吸附理论假设如下：

吸附气体为多层吸附，吸附剂的表面是均匀的，不一定完全铺满第一层再铺第二层；

第一层吸附热（E_1）为一定值，第二层以上的吸附热为吸附质的液化热（E_L）；

吸附质的吸附与脱附只发生在直接暴露于气相的表面上。

基于以上假设条件，对于实际固体中的细孔、裂缝和毛细管上的吸附层数为有限层 n 层的情况，BET 模型的表达式为

$$\frac{V}{V_m} = \frac{Cx\left[1-(n+1)x^n + nx^{n+1}\right]}{(1-x)\left[1+(C-1)x - Cx^{n+1}\right]} \quad (2.9)$$

$$C = e^{(E_1 - E_L)/RT} \quad (2.10)$$

式中　x——相对压力 p/p_0；

p_0——饱和蒸气压，Pa；

n——气体表面吸附层数；

V——总吸附量；

V_m——单层饱和吸附量；

C——气体与吸附能和液化能相关的常数。

在BET模型的基础上，Fripiat等进一步考虑了分形几何的影响，把BET模型与分形理论相结合，通过分形维度表征吸附表面的粗糙程度，使模型的应用范围扩展到不规则表面，据此建立了考虑吸附表面分形维度的多层吸附模型。

$$V = \frac{V_m C \sum_{i=1}^{n} i^{2-D_s} \sum_{j=i}^{n} x^j}{1 + C \sum_{i=1}^{n} x^i} \quad (2.11)$$

式中　D_s——吸附表面的分形维度；

n——吸附层数。

2.3.1.2　页岩储层等温吸附实验

对昭通地区的页岩样品开展等温吸附实验，实验方法为容积法，测量在不同压力下的甲烷吸附量。实验过程遵循中华人民共和国能源行业标准GB/T 35210.1—2023《页岩甲烷等温吸附/解吸量的测定第1部分：静态容积法》。实验样品取自昭通页岩气区块，取样深度为1689.5m。在开展实验前，按照行业标准对样品进行了前处理。制取粒径范围在60~80目之间的页岩颗粒100g左右，将颗粒放入烘箱中并以80℃以上的温度烘干12h以上，取出备用。

利用测试得到的样品在不同压力下的吸附数据作图，得到样品的等温吸附曲线如图2.17所示。

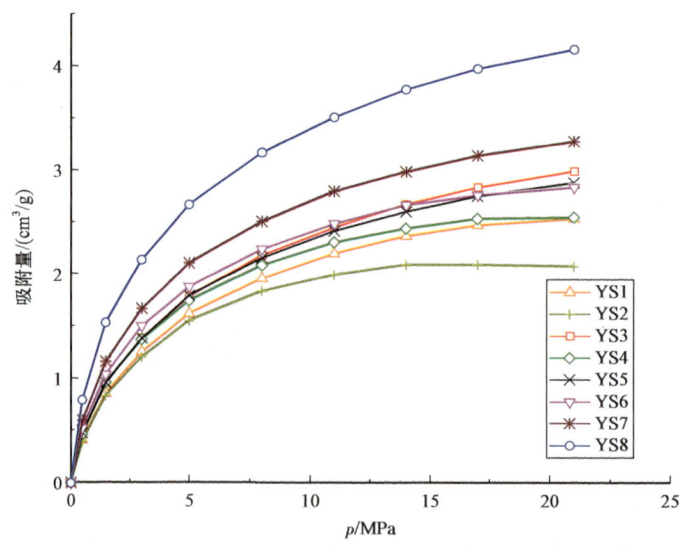

图2.17　ZC1-1井样品等温吸附曲线

由实验结果可以看出，昭通地区页岩样品的吸附特征主要存在三个阶段的变化。

第一阶段是0～5MPa，该区间内随着压力的上升，样品的吸附量快速增大；第二阶段是5～15MPa，该区间内吸附量上升趋势逐渐变缓，吸附趋近于饱和；第三阶段是15MPa之后，该区间内样品基本达到吸附饱和状态，吸附量不再随压力上升而变化。

2.3.1.3 气体吸附规律描述

（1）Langmuir模型。

首先采用Langmuir模型对样品的吸附数据进行拟合，以验证模型的拟合效果，结果如图2.18所示。

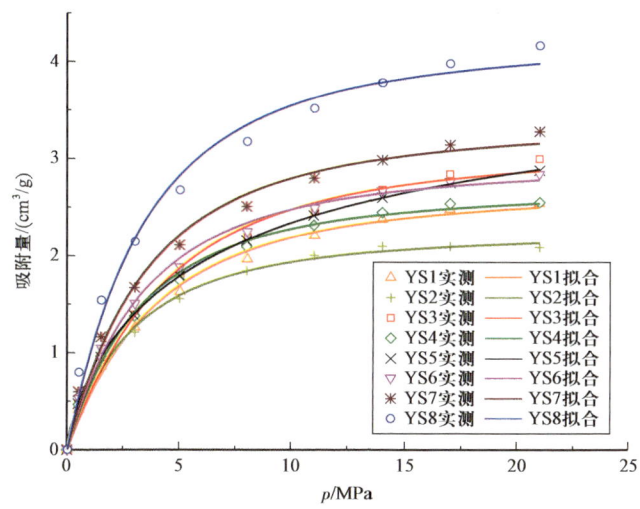

图2.18 ZC1-1井样品Langmuir拟合曲线

从拟合的结果可以看出，在低压区样品表面主要以单分子层吸附为主，所以以此为理论基础的Langmuir模型拟合精度较高。当压力超过15MPa后，样品的吸附过程处于达到饱和的过渡阶段，从拟合结果可以发现该阶段下的实测数据与拟合数据存在一定偏差。

由拟合结果可以看出（表2.2），昭通地区页岩样品的Langmuir压力普遍低于1MPa，表明吸附现象主要发生在低压阶段，在实际开发中吸附气的解吸开采存在一定的难度。

表2.2 Langmuir模型拟合参数

样品编号	温度/℃	p_L/MPa	V_L/（cm³/g）	R^2
YS1	60	4.09	3.03	0.983
YS2	60	2.86	2.45	0.978
YS3	60	4.69	3.58	0.987
YS4	60	3.34	2.99	0.994
YS5	60	4.27	3.40	0.980

续表

样品编号	温度/℃	p_L/MPa	V_L/(cm³/g)	R^2
YS6	60	3.44	3.28	0.981
YS7	60	3.69	3.78	0.982
YS8	60	3.51	4.73	0.985

（2）L-F 模型。

作为 Langmuir 模型改进，L-F 模型属于三参数模型。该模型通过引入参数 m 来作为对吸附表面非均质性的矫正，模型公式为

$$V = \frac{V_L k p^m}{1 + k p^m} \qquad (2.12)$$

采用 L-F 模型对实验数据进行拟合，结果如表 2.3 和图 2.19 所示。

表 2.3　L-F 模型拟合参数

样品编号	温度/℃	V_L/(cm³/g)	k	m	R^2
YS1	60	3.41	0.2570	0.9073	0.997
YS2	60	2.43	0.3486	1.0524	0.996
YS3	60	4.67	0.18936	0.73981	0.996
YS4	60	3.21	0.29639	0.8450	0.998
YS5	60	4.16	0.2154	0.77236	0.996
YS6	60	3.75	0.27893	0.81107	0.997
YS7	60	4.59	0.24955	0.75971	0.996
YS8	60	6.12	0.24863	0.70684	0.994

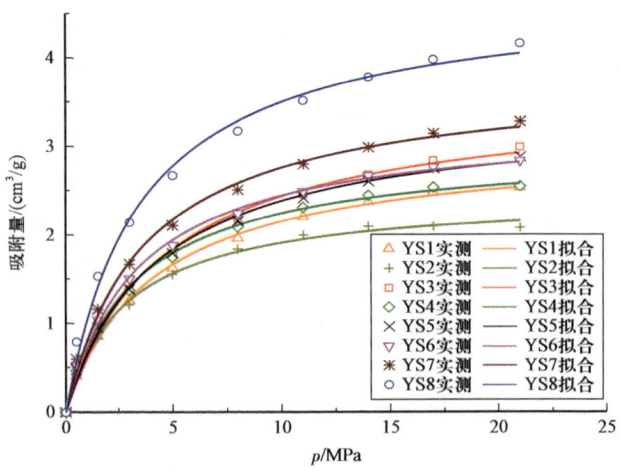

图 2.19　ZC1-1 井样品 L-F 拟合曲线

分析上述拟合结果，L-F 模型可以弥补 Langmuir 模型在高压区域误差变大的缺陷，但由于模型参数增多，数据处理也相对复杂。

（3）BET 模型。

采用 BET 模型对昭通地区页岩样品的吸附数据进行拟合，拟合结果如图 2.20 和图 2.21 所示。

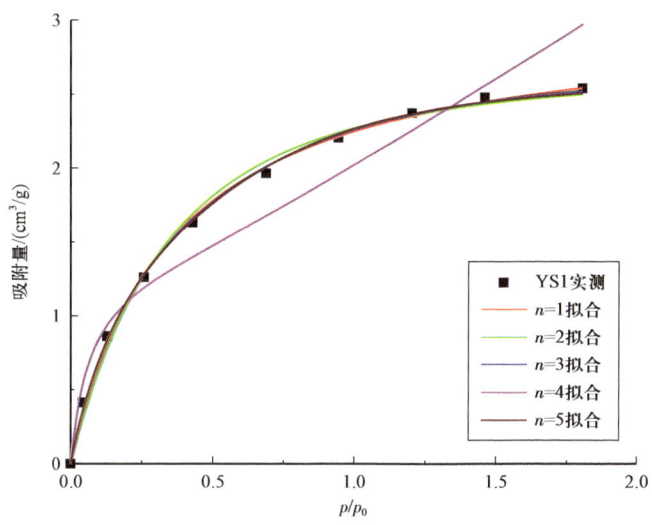

图 2.20　YS1 样品不同吸附层数拟合曲线

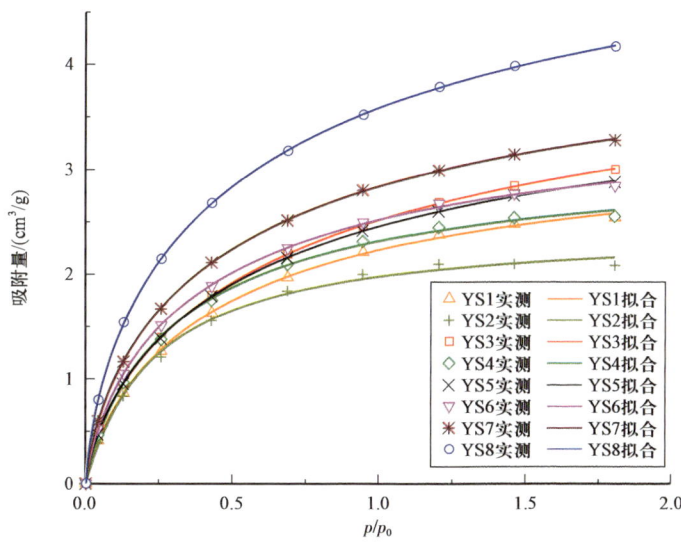

图 2.21　ZC1-1 井样品 BET 拟合曲线（$n=3$）

各样品的拟合参数见表 2.4。

从拟合结果可以看出，BET 模型的整体拟合结果较好，相关系数在 0.94～0.991 之间，拟合参数 n 值近似等于 1，表明昭通地区的页岩样品以单分子层吸附为主。

表 2.4 昭通地区页岩样品 BET 模型拟合参数

样品编号	$n=1$	$n=2$	$n=3$	$n=4$	$n=5$
YS1	0.98819	0.9989	0.99934	0.95727	0.99999
YS2	0.99751	0.99754	0.99959	0.95251	0.99737
YS3	0.98931	0.99343	0.99994	0.94783	0.9932
YS4	0.99307	0.99896	0.99867	0.9549	0.99896
YS5	0.97641	0.99241	0.99992	0.94733	0.99235
YS6	0.97542	0.99821	0.99952	0.96732	0.99314
YS7	0.98245	0.98921	0.99994	0.95778	0.98197
YS8	0.97458	0.98917	0.99996	0.96157	0.99125

2.3.1.4 页岩吸附能力影响因素分析

相关研究数据表明，页岩中吸附气的含量占比高达 45%～80%，是气井产能的重要来源。影响页岩吸附能力的因素主要来源于两方面，一是温度、压力等外界环境因素；二是孔隙结构参数、TOC 含量以及矿物成分等页岩本身岩石学特征。针对于温度和压力对吸附能力的影响国内外已有大量学者进行了相关研究，研究结果也体现出较好的一致性：随压力的升高，样品的饱和吸附量也相应变大；随温度上升，分子热运动加剧，饱和吸附量随之降低。本书主要针对岩石本身的岩石学特征以及孔隙结构对页岩吸附能力的影响进行研究，以求从储层特征角度剖析昭通地区页岩储层与川内其他区块间的差异。

（1）孔隙结构参数。

页岩作为一种多尺度的多孔介质，其孔隙结构特征直接影响了自身的吸附能力。从分析结果可以看出昭通地区页岩的吸附能力与比表面积和孔径低于 10nm 的微孔体积均呈现出较好的正相关性。这是由于较大的比表面积相对会提供更多的吸附位，能够吸附更多的甲烷分子。对于孔径低于 10nm 的微纳米孔隙，孔径极小，比表面积相对较高，因此也与吸附量呈现较好的正相关性。但是相比之下，总的孔隙体积与吸附量间的相关性较差（图 2.22）。分析其原因是，甲烷的吸附现象主要发生在纳米级的微孔中，而昭通地区页岩储层内的宏孔与裂缝的孔径较大，部分孔径达到 1000nm 以上，对整体孔隙体积影响较大，且该部分空间主要被游离气所占据，因此样品总孔体积与吸附量之间相关性较差。

（2）TOC 含量。

有机碳含量作为影响泥页岩生烃强度的重要因素，同时还影响着储层中有机质孔隙的发育程度以及吸附气的含量。从测试结果可以看出，昭通地区页岩的吸附量与 TOC 含量呈现较好的正相关性，相关系数高达 0.83。此外 TOC 含量与样品的比表面积和微孔含量也呈现较好的正相关性，表明较高的 TOC 含量提供了大量有机质，为有机孔提供了生成的场所。随着 TOC 含量的增多，储层中纳米级有机孔的数量以及比表面积也随之增加，有更多的空间用于吸附甲烷分子，吸附量也更高（图 2.23）。

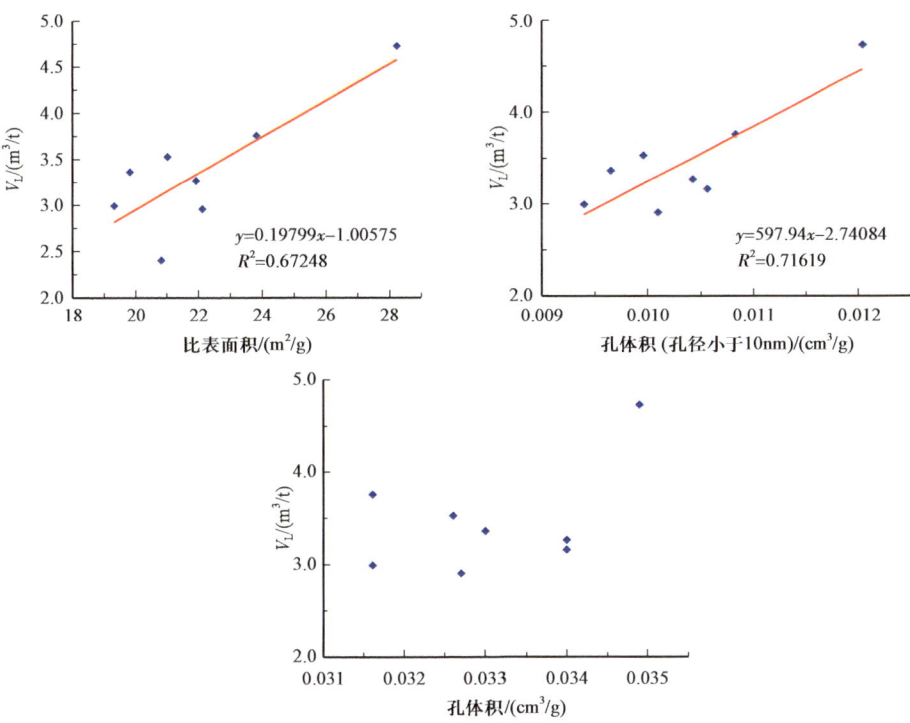

图 2.22　昭通地区页岩孔隙结构参数与吸附量间关系

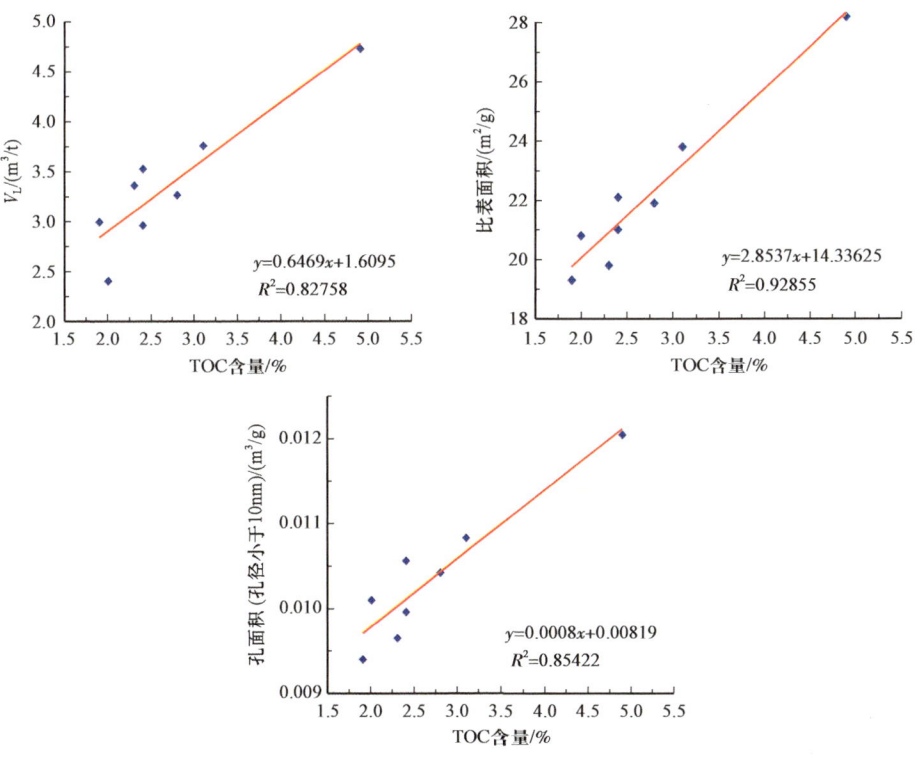

图 2.23　昭通地区页岩 TOC 含量与吸附量间关系

（3）矿物成分含量。

从前文全岩分析测试可以看出，昭通地区页岩的矿物成分以黏土矿物和石英为主。黏土矿物作为泥页岩中重要的组成部分，能够为储层提供大量比表面积，但较高的黏土含量会导致储层塑性变强，反而不利于储层的体积改造。图2.24表明昭通地区页岩的黏土含量与吸附量间呈负相关性，与长宁、涪陵以及威远等地的规律相同。黏土矿物通常与有机质结合，以复合体的形式存在，其吸附能力主要取决于各自比表面积的大小。国内外学者通过研究发现，各类黏土矿物比表面积由大至小的顺序为：蒙脱石、伊利石、绿泥石、高岭石。昭通地区页岩的黏土矿物中蒙脱石含量极少，基本以绿泥石为主，因此这类黏土矿物提供的比表面积较相对较小，吸附能力较差。另一方面，与黏土矿物相比，有机质不仅能够提供大量的微纳米孔隙和比表面积，而且能够为生烃提供物质基础，增加气源。因此在二者的这种伴生关系下，黏土矿物含量越高反而会减少有机质的含量，最终导致页岩整体吸附量的降低。

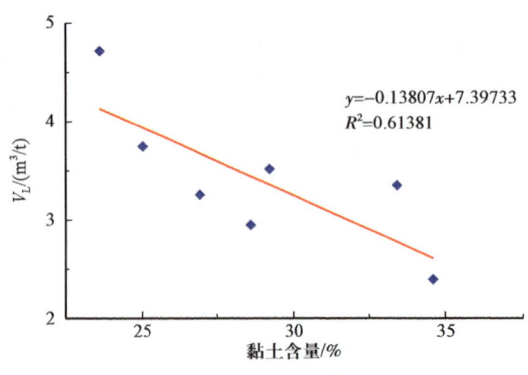

图2.24　昭通地区页岩黏土含量与吸附量间关系

石英是页岩中无机矿物的主体，在其内部和周围常发育有粒内孔和粒间孔等孔隙结构。通过测试发现，昭通地区页岩的石英含量平均在34%左右，较四川盆地内长宁、威远等地偏低。此外研究区内页岩中的石英含量与吸附量间相关性较差，这一特征同样与长宁、威远等地不同（图2.25）。

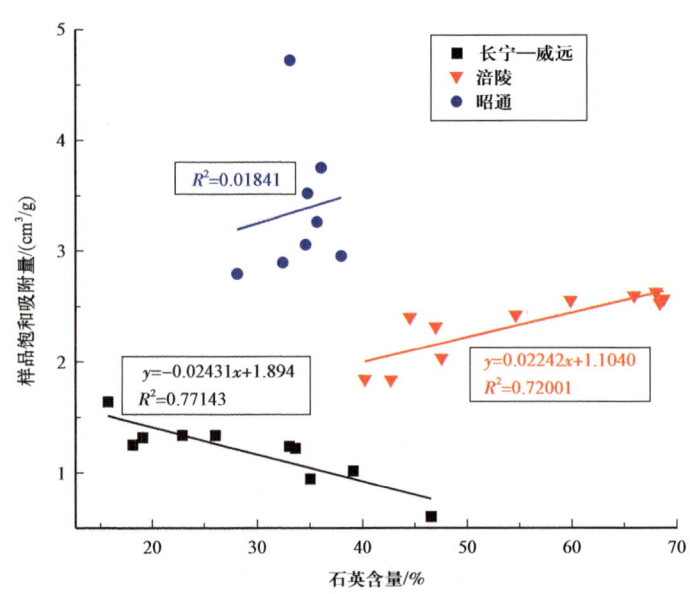

图2.25　不同地区石英与饱和吸附量关系对比图

吉利明等的研究发现，在所有矿物种类中，石英等无机矿物的吸附能力是最低的，相比之下黏土矿物的吸附能力高达石英的100～5000倍。另一方面，通过研究发现昭通地区页岩中的石英含量与TOC间的相关性较差，可以推断该地区的石英矿物主要来自碎屑岩中的硅质碎屑，不属于生物成因，其中吸附的气量较少。因此，以上两点是导致昭通地区石英与岩石吸附量间相关性较差的主要原因。与昭通地区不同，长宁和威远地区的石英虽也不属于生物成因，但其含量占比相对较高，这导致了黏土和有机质等带有大量比表面积的矿物减少，从而造成吸附能力的下降；而涪陵地区的石英大部分是由生物硅质溶解后形成的，属于生物成因，这类石英颗粒周边通常伴有一定量的有机质存在，有利于有机质的富集和气体的吸附（图2.26）。

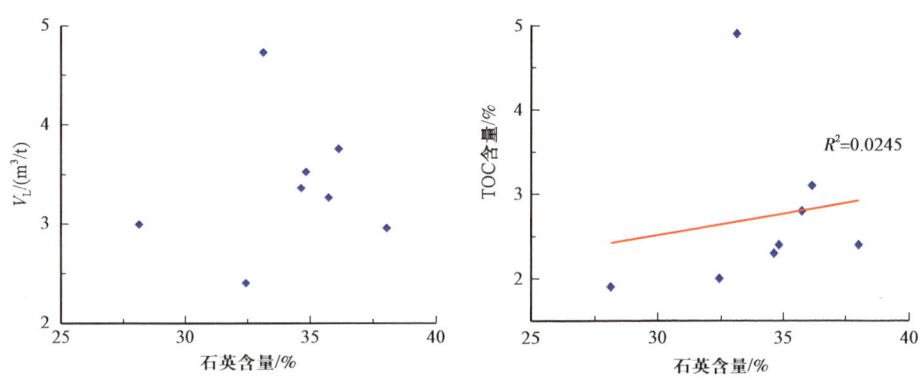

图2.26 昭通地区页岩石英含量与吸附量和TOC含量间的关系

2.3.2 甲烷扩散系数测定实验研究

基质中的吸附气解吸后成为游离气，同时在浓度差的影响下，气体由基质开始向裂缝系统扩散。因此扩散运移作为气体由基质孔隙向裂缝系统过渡的主要机制，对页岩气的整体流动过程起着至关重要的作用。

2.3.2.1 实验方法及原理

实验基于菲克扩散定律，测定一定时间内通过样品的扩散量或浓度，通过菲克扩散定律计算得到扩散系数。

菲克扩散定律：

$$\frac{dQ}{dt} = -DA\frac{dc}{dx} \quad (2.13)$$

式中　dQ/dt——天然气扩散速率，cm^3/s；

　　　D——天然气扩散系数，cm^2/s；

　　　A——天然气扩散界面面积，cm^2；

　　　dc/dx——天然气浓度梯度，$1/cm$。

根据石油与天然气行业标准 SY/T 6129—2016《岩石中烃类气体扩散系数测定方法》，

实验所用气体为甲烷和氮气,实验中所用的岩心为长0.5~10cm、直径2.5cm的岩心柱。实验过程中在岩心的两端分别连接甲烷的扩散室和氮气的扩散室,通过一定时间后两端的气体浓度差来获得通过样品的扩散浓度。假定岩心长度为L,横截面积为A,根据菲克扩散定律,岩石中烃类气体的扩散系数计算公式为

$$D = \frac{\ln\left[(C_1 - C_2)/(C_{1i} - C_{2i})\right]}{A(1/V_1 + 1/V_2)(t_i - t_0)/L} \quad (2\text{-}14)$$

式中 C_1——初始时刻甲烷气体在甲烷扩散室中的浓度,%;

C_2——初始时刻甲烷气体在氮气扩散室中的浓度,%;

C_{1i}——i时刻甲烷气体在甲烷扩散室中的浓度,%;

C_{2i}——i时刻甲烷气体在氮气扩散室中的浓度,%;

V_1——甲烷扩散室的容积,cm^3;

V_2——氮气扩散室的容积,cm^3;

t_0——初始时刻,s;

t_i——i时刻,s。

2.3.2.2 实验仪器及步骤

实验采用QTKS-2型泥页岩气体扩散系数测定仪(图2.27),仪器的主要参数为:岩心直径25mm,岩心长度30~60mm,岩心最高温度150℃,最高围压90MPa,最高内压50MPa,高静压电容式智能变送器量程为0~117~690kPa,两个扩散室的容积为40mL。该设备内部设有红外传感器用于测量气体的浓度,这样的设计可以保证气体扩散和测试的过程始终在一个封闭的环境下进行,减小了取样过程中对气体产生的污染。

图2.27 实验设备

实验流程如图 2.28 所示，岩心夹持器的两端分别连接甲烷扩散室和氮气扩散室，每个扩散室依次连接取样阀、测量阀和溢流阀后再连接各自对应的气瓶。岩心夹持器的两端连接差压传感器，另接管线连接围压泵和温控装置，从而达到不同温度压力下的实验条件。

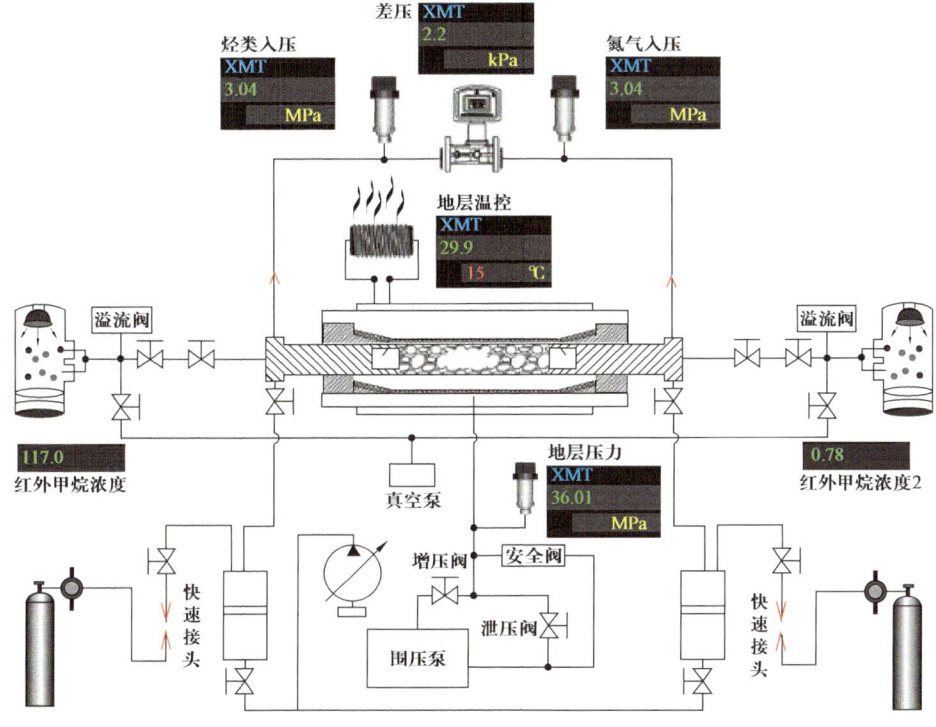

图 2.28　实验原理图

（1）实验准备工作。

首先将钻取好的岩心抽真空并放置在 80℃的烘箱内烘干 12h 以上；其次由于甲烷属于危险气体，实验前必须做好安全准备工作，并保持房间通风扇开启。

（2）具体实验步骤。

① 检查所有阀门，保证所有阀门都保持关闭状态，将准备好的岩心装入岩心室内，将甲烷气瓶和氮气气瓶连接到仪器上。

② 打开电源和电脑并打开软件，点击外设依次连接外部设备。

③ 打开加热开关，将温度设置指定值，待地层温度达到指定值进入下一步。根据实际地层的温度条件，设置实验温度为 60℃。

④ 打开围压增压阀，用加压棒给夹持器加压至实验压力，压力稳定后关闭围压增压阀。实验围压为 6MPa。

⑤ 关闭所有阀门，打开甲烷和氮气气源阀门，打开进气阀门，使压差保持稳定后，把气瓶的开关关闭，关闭气源阀门。打开气体增压阀门，打开进气阀门，对内压进行增压，达到指定值为止。关闭气体增压阀门，进气阀门。

⑥ 点击控制面板上的开始按键，气体开始自行扩散。

⑦ 取样。按照行业标准每隔10h对样品进行取样测量。取样之前，必须保证取样室为真空状态。打开抽真空阀门、溢流阀，打开真空泵电源，1min后，关闭溢流阀。一直等到真空阀的压力表读数为 -0.1 后关闭抽真空阀门和真空泵。打开左右取样阀，待气体充满标准体积室后，关闭左右取样阀。打开测量阀门，读取甲烷浓度。关闭测量阀门，一次取样结束。

2.3.2.3 实验结果与分析

根据上述实验方法开展了页岩的甲烷扩散系数测量实验，根据行业标准要求每组实验至少选取5个测量点，得到的实验数据见表2.5。

表 2.5 扩散系数实验测试结果数据统计表

样品编号	序号	扩散时间 /s	甲烷扩散室气体浓度 /%		氮气扩散室气体浓度 /%	
			CH_4	N_2	CH_4	N_2
ZC-4	1	0	99.64	0.36	0	100
	2	86400	99.54	0.46	0.11	99.89
	3	172800	98.46	1.54	1.17	98.83
	4	259200	96.91	3.09	2.18	97.82
	5	345600	94.26	5.74	4.22	95.78
ZC-5	1	0	99.84	0.16	0.19	99.81
	2	68400	99.69	0.31	1.46	98.54
	3	154800	99.48	0.52	2.56	9744
	4	241200	99.26	0.74	4.61	95.39
	5	298800	99.03	0.97	5.33	94.67
	6	385200	98.77	1.23	6.09	93.91
ZC-3	—	—	—	—	—	—
ZB12-1	1	57600	96.69	3.31	0.67	99.33
	2	95400	94.59	5.41	1.06	98.94
	3	144000	92.49	7.51	1.72	98.28
	4	192600	91.99	8.01	2.16	97.84
	5	235800	89.09	10.91	2.92	97.08
ZC108	—	—	—	—	—	—

绘制累计扩散量与扩散时间之间的关系曲线，横坐标为扩散时间，纵坐标为 $\ln\left(\dfrac{C_0}{C_i}\right) L / AV_i$，曲线的斜率即为岩心的扩散系数。其中：

$$V_i = 1/V_1 + 1/V_2 \tag{2.15}$$

对实验数据进行计算，得到各组岩心的扩散系数见表2.6。

表2.6 岩心参数与扩散系数

岩心编号	直径/cm	长度/cm	渗透率/mD	扩散系数/(10^{-6} cm²/s)
ZC-4	2.51	3.00	0.0037	1.53
ZC5	2.49	2.98	0.0453	2.88
ZC-3	2.50	3.01	9.617	—
ZB12-1	2.48	3.00	0.0338	2.51
ZC108	2.50	3.00	0.0098	—

实验一共进行5组，其中得到了三组岩心的扩散数据并求取了扩散系数，平均为2.31×10^{-6} cm²/s。5组实验中，编号为ZC-3和ZC108的岩心在实验过程中没有测量相关数据。对两组实验进行分析，其失败原因为：ZC-3号样品表观存在宽度较大的裂缝，岩心渗透率过高，当实验开始后，两端的气体直接通过裂缝形成的通道逸散到另一扩散室内，在取样测量时两端的气体浓度均达到了100%，无法计算扩散系数；ZC108号样品的失败原因为在安装岩心柱的过程中，岩心夹持器内的空气未完全排除干净，导致围压无法稳定，测量数据存在严重偏差。

下面对不同温度下的扩散系数变化规律进行研究。选取ZB12-1井外观完整且无次生裂缝的标准页岩岩心柱1块，直径为2.5cm，长度为3cm，开展不同温度下的扩散系数测量实验，温度分别为40℃、50℃、60℃和70℃，实验围压为6MPa。实验前将岩心放入烘箱中以80℃的温度烘干12h以上，去除孔隙中水分对实验的影响。实验结果如图2.29所示。

拟合参数及扩散系数见表2.7。

表2.7 不同温度下扩散系数

围压/MPa	温度/℃	扩散系数/(cm²/s)	R^2
6.00	40	8.22×10^{-7}	0.9321
5.99	50	1.26×10^{-6}	0.9886
5.99	60	2.51×10^{-6}	0.9534
6.00	70	3.44×10^{-6}	0.8852

从实验结果曲线和参数可以看出，4组实验数据的拟合效果较好，累计扩散量与扩散时间存在较好的线性关系，R^2达到0.9左右（图2.30）。

从扩散系数与温度的关系曲线可以看出，二者间有较好的指数关系。随着温度的上升扩散系数开始增加缓慢，当温度超过50℃后，扩散系数快速增大。这是由于随温度的升高，分子运动更加剧烈，单位时间内通过岩心横截面的分子数增加，从而导致扩散系数变大。

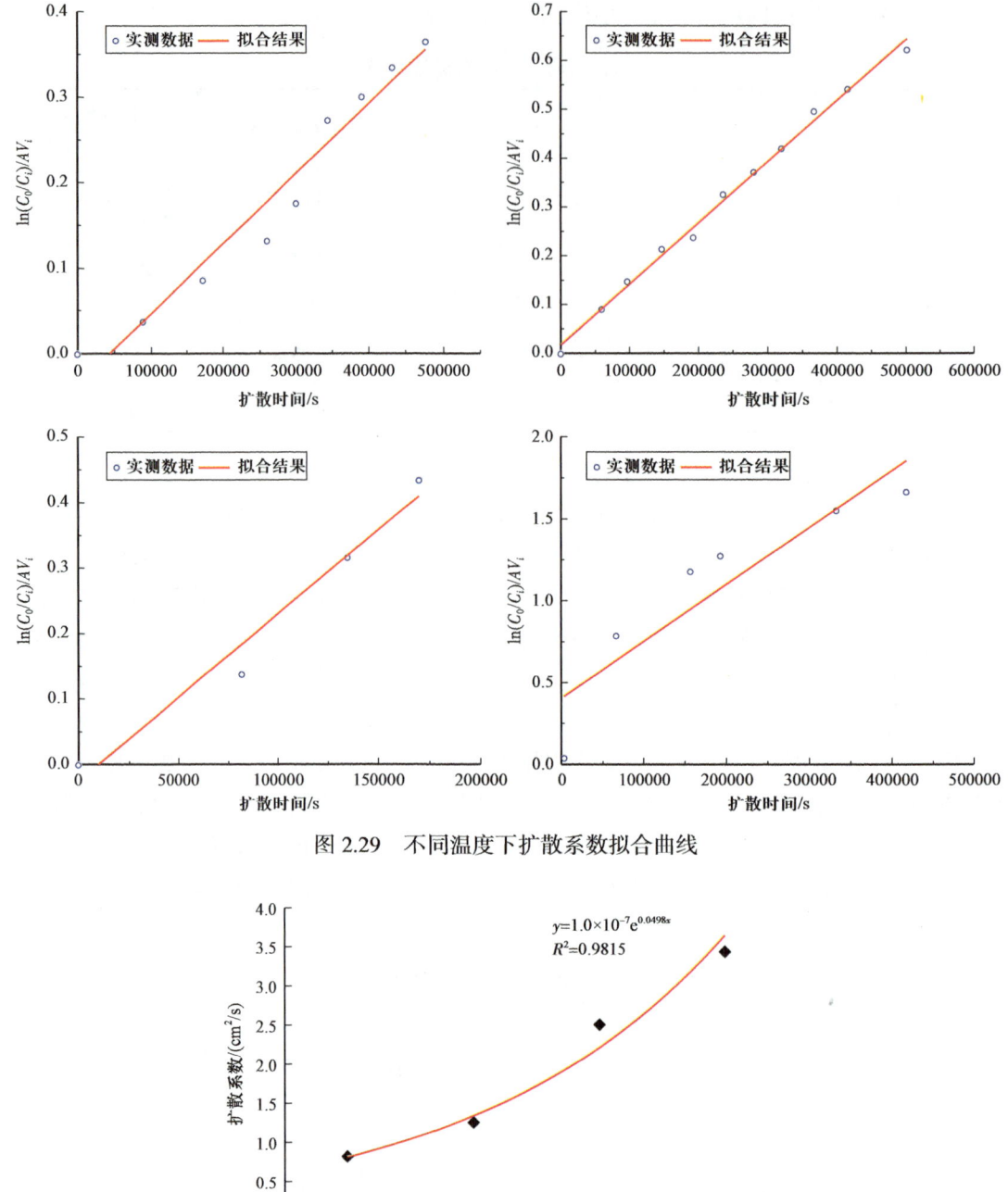

图 2.29 不同温度下扩散系数拟合曲线

图 2.30 不同温度下扩散系数变化曲线

2.3.3 页岩储层应力敏感性评价研究

昭通地区页岩储层孔隙多以网状结构呈现，且互相之间连通性较好，微裂缝较发育，为气体的运移提供了较好的流动环境。随着气体的采出，地层压力下降，储层的有效应力会发生变化，裂缝发生闭合，部分孔隙孔径缩小，降低储层的导流能力，对气体的流动产生不利影响，因此需对研究区进行应力敏感性评价。

2.3.3.1 储层应力敏感评价方法

（1）有效应力。

储层应力敏感指岩石渗透率随有效应力变化而发生改变的现象。有效应力这一概念由 Terzaghi 首次提出，定义有效应力为上覆应力与孔隙压力的差值。岩石在地层中受到的压力来自上覆岩层的压力和孔隙内流体的压力两部分。随着流体的采出孔隙内压力下降，间接导致岩石受到的有效应力增加，从而产生应力敏感问题。

Nur 等首先根据 Biot 的研究理论推导出了有效应力表达式：

$$\sigma_m = \sigma_t - \alpha\sigma \tag{2.16}$$

$$\alpha = 1 - \frac{C_g}{C_b} \tag{2.17}$$

其中 α 为 Biot 系数。

储层应力敏感评价方法主要有以下几种。

① 渗透率损害系数。

渗透率损害系数可以评价储层的应力敏感性强弱程度，具体计算公式为

$$D_k = (K_1 - K_{min})/K_1 \times 100\% \tag{2.18}$$

式中　D_k——渗透率损害率，%；

　　　K_1——第一个有效应力点对应的岩心渗透率，mD；

　　　K_{min}——临界应力对应的最小渗透率，mD。

评价标准：$D_k \leq 0.3$，弱；$0.3 \leq D_k \leq 0.7$，中等；$D_k > 0.7$，强。

该方法的优点是计算便捷，而且把应力敏感程度的强弱直观地反映在渗透率上。缺点是实验过程中压力点的选取存在不确定性，临界应力点的选取也受实验设备和人为操作的影响，这就导致了对同一储层的岩心评价存在不统一的现象。

② 应力敏感系数法。

与行业标准规定的渗透率损害系数相比，应力敏感系数是由实验得到的全部压力点的数据得到，避免了因压力点选取不当造成的误差，结果更具有唯一性。但该方法没有直接反映在渗透率的变化上，物理意义上并不十分直观。

应力敏感系数表达式：

$$S_s = \frac{1 - \left(\frac{K}{K_0}\right)^{1/3}}{\lg\frac{\sigma}{\sigma_0}} \tag{2.19}$$

式中　S_s——应力敏感系数；

　　　σ——有效应力，MPa；

　　　K——有效应力为σ时对应的渗透率，mD；

　　　σ_0——初始点有效应力，MPa；

　　　K_0——初始点渗透率，mD。

对式（2.20）中的有效应力和渗透率项进行无量纲化，整理得

$$\left(\frac{K}{K_0}\right)^{1/3}=1-S_s\lg\frac{\sigma}{\sigma_0} \qquad (2-20)$$

将处理过的渗透率与有效应力项进行线性拟合即可求得应力敏感系数。评价标准为：$S_s\leqslant 0.3$，弱；$0.3<S_s\leqslant 0.7$，中等；$0.7<S_s\leqslant 1$ 强；$S_s>1$ 极强。

2.3.3.2　页岩储层应力敏感评价实验

（1）实验方法。

目前针对于页岩的应力敏感性研究主要有两种方法，一种是定围压变内压加载，一种是定内压变围压加载。主要原理是通过改变岩心所受到的有效应力，获取不同有效应力下的渗透率，从而评价岩心应力敏感性的强弱程度。实验采用超低渗气体渗透率测量仪（图2.31）进行变压加载实验以及渗透率的测量，加载方式为定围压变内压，渗透率测量方法为非稳态的压力脉冲法。

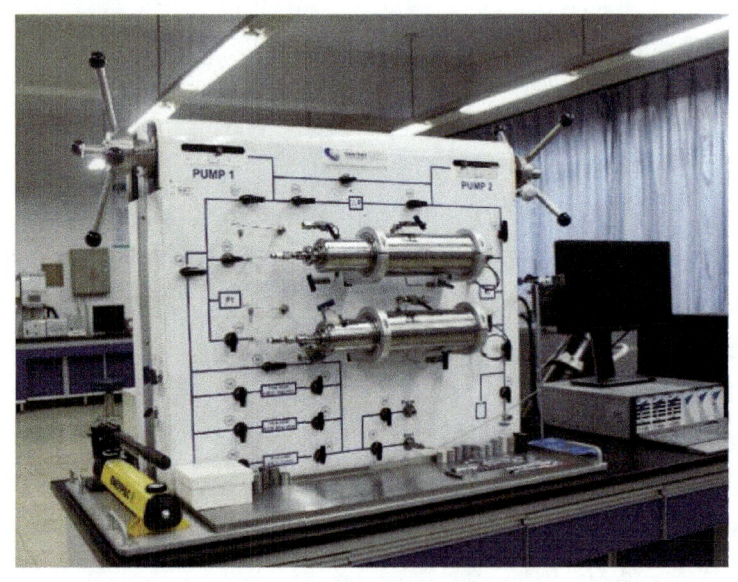

图 2.31　超低渗气体渗透率测量仪

设置了5组岩心的应力敏感测试实验，每组设置5个压力测试点，孔隙压力为6MPa，围压从18MPa依次增加到48MPa，压力点分别为18MPa、24MPa、30MPa、36MPa、42MPa、48MPa。实验开始时首先将围压和孔隙压力分别加至18MPa和6MPa，

待压力点稳定后按设计的压力点一次增加围压，每个压力点稳定后进行渗透率测量。具体参数见表 2.8。

（2）结果及分析。

实验得到的结果如图 2.32 所示。

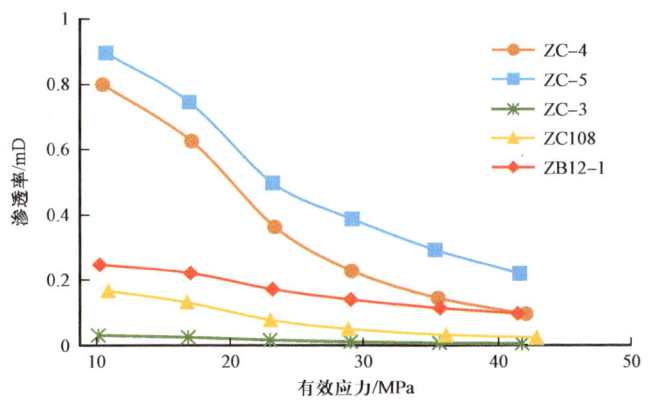

图 2.32　有效应力与渗透率关系曲线

采用渗透率损害系数进行应力敏感性评价，结果见表 2.9。

从 5 组岩心的实验结果来看，昭通地区的页岩属于强应力敏感性。编号 ZC-4、ZC-5、ZC-3、ZC108 的岩心渗透率损害系数达到 0.8 左右，其中含有人工裂缝的 ZC-4 号和 ZC108 号岩心损害率最高，表明含有高度发育裂缝的岩心应力敏感程度更高。

表 2.8　应力敏感实验岩心参数表

编号	长度 /cm	直径 /cm	岩心状态
ZC-4	5.01	2.51	含有人工裂缝
ZC-5	5.12	2.49	完整页岩
ZC-3	4.89	2.50	完整页岩
ZC108	4.95	2.51	含有人工裂缝
ZB12-1	5.03	2.51	完整页岩

表 2.9　渗透率损害系数评价结果

编号	渗透率损害系数	评价结果	岩心类型
ZC-4	0.90	强	含有人工裂缝
ZC-5	0.79	强	完整页岩
ZC-3	0.87	强	完整页岩
ZC108	0.89	强	含有人工裂缝
ZB12-1	0.63	中等	完整页岩

采用应力敏感系数法进行应力敏感性分析,根据应力敏感系数表达式,对实验数据进行$(K/K_0)^{1/3}$和$\lg\sigma/\sigma_0$的线性拟合,拟合结果如图2.33所示。

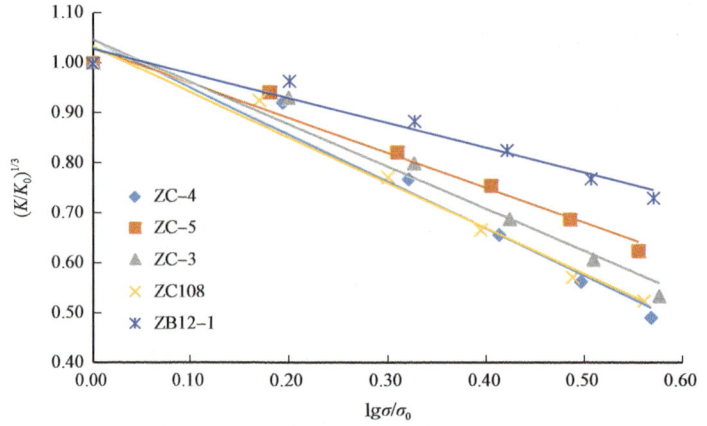

图2.33 应力敏感系数拟合结果

从评价结果(表2.10)来看,昭通地区页岩储层具有较强的应力敏感,应力敏感系数在0.5~0.9左右。ZC-4和ZC108号岩心由于岩心加工过程中的人为因素产生了次生裂缝,应力敏感系数达到了0.9以上,说明裂缝发育程度越高,敏感系数越高,敏感性越强。同时裂缝发育的岩心表明其初始渗透率相对较高,应力敏感性越强。

表2.10 应力敏感系数评价结果统计表

岩心	应力敏感系数	R^2	评价结果	岩心类型
ZC-4	0.955	0.9664	强	含人工裂缝
ZC-5	0.7076	0.9735	强	完整页岩
ZC-3	0.8541	0.9614	强	完整页岩
ZC108	0.9214	0.9785	强	含人工裂缝
ZB12-1	0.501	0.9532	中等	完整页岩

综合两种评价方法的结果,昭通地区页岩岩心属强应力敏感性。同时两种方法的结果都显示出ZB12-1号岩心的强弱程度区别于其他4组岩心。结合扫描电镜图像分析原因为,ZB12-1号岩心并没有较为发育的裂缝结构。实验中随着有效应力的上升,ZC-4组的岩心裂缝首先发生闭合,渗透率损失程度较高。而ZB12-1号岩心由于孔隙结构相对致密,孔隙并没有发生闭合,渗透率没有过多损失,所以相比较而言没有显示出较高的应力敏感程度。

3 昭通页岩气井产能试井分析

3.1 产能试井测试技术

气井产能试井测试方法主要包括4种方法,分别为回压试井、一点法试井、等时试井与修正等时试井。昭通地区主要采用回压试井与修正等时试井进行产能测试。

3.1.1 回压试井

回压试井也称多点测试,是测量气井在多个产量稳定生产的情况下,相应的稳定井底流压。该方法具有资料多、信息量大、分析结果可靠的特点。但测试时间长,费用高。回压试井测试产量必须保持由小到大的顺序(图3.1)。

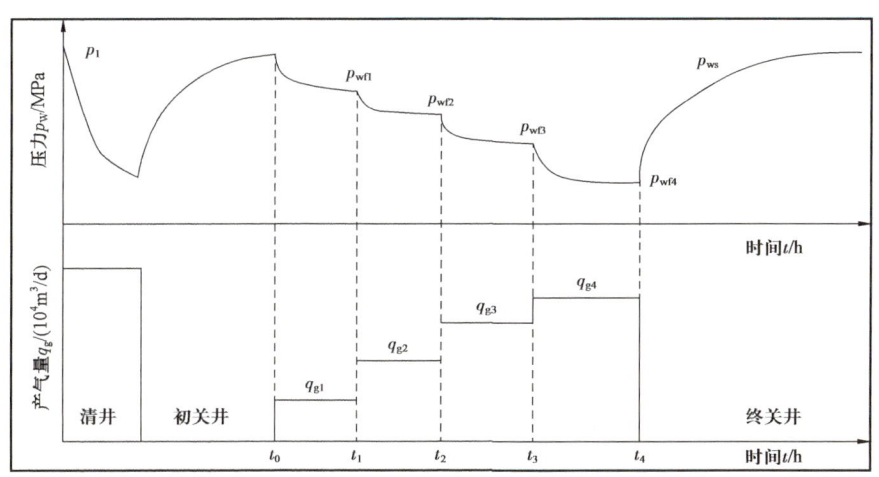

图 3.1 回压试井测试示意图

3.1.2 修正等时试井

修正等时试井是等时试井的改进,二者的最大区别是修正等时试井在测试过程中开井生产的时间与关井恢复的时间相等。测试时,要求所有工作制度下的开井生产时间和关井恢复时间一样,操作十分方便,这样既缩短了开井流动期的时间,又缩短了关井恢复期的时间(图3.2)。

修正等时试井流动期产量大小的确定方法与系统试井方法基本相同,理论上要求延续生产时间必须持续到压力稳定,实际工作中可根据一点法测试时间的确定方法来确定。

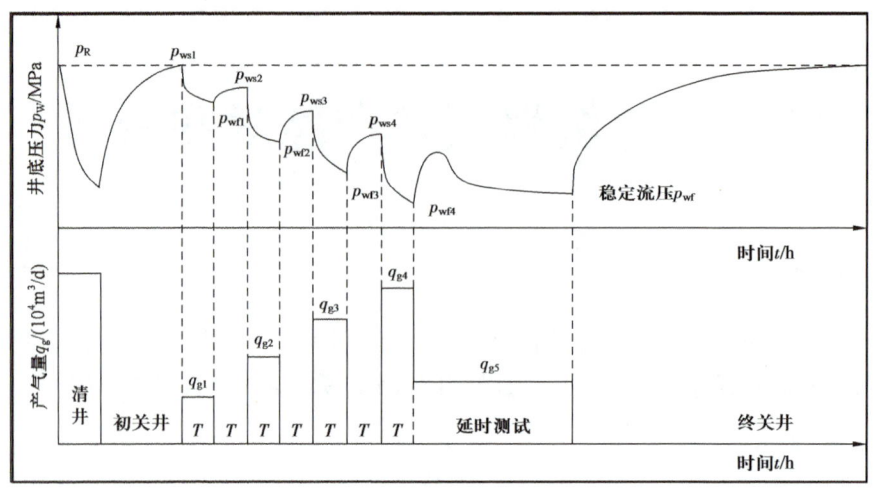

图 3.2　修正等时试井示意图

3.2　产能试井分析方法

3.2.1　井底压力计算方法适用性分析

气井产能评价需要井底压力，而在现场实际生产过程中，极少下入压力计进行测压，录取的压力资料只有井口压力。为解决井底流压问题，研究人员提出了不同的方法求解井底压力。昭通地区页岩气主要为干气，对于纯气井可以利用单相管流的相关理论进行压力计算。但是在实际生产过程中也存在气液两相流动，特别是在压裂投产后进行试气返排阶段，主要是气水两相流动，因此，单相流动的相关理论已经不适用，必须考虑两相流的相关理论来求解井底压力。

3.2.1.1　多相管流压降理论

在气液两相管流压降计算中，一般是以单相流体一维稳定管流压力梯度基本方程为基础。考虑根据井口压力计算井底流压，常取坐标 z 的正向与流动方向相反，管斜角 θ 定义为管子与水平方向的夹角。

其压力梯度方程为

$$\frac{\mathrm{d}p}{\mathrm{d}z} = \rho_\mathrm{m} g \sin\theta + f_\mathrm{m} \frac{\rho_\mathrm{m} v_\mathrm{m}^2}{2D} + \rho_\mathrm{m} v_\mathrm{m} \frac{\mathrm{d}v_\mathrm{m}}{\mathrm{d}z} \tag{3.1}$$

式中　ρ_m——两相流混合物密度，kg/m³；

v_m——混合物流速，m/s；

f_m——混合物 T，P 下的摩阻系数；

D——油管内径，m。

式（3.1）的右函数包含了流体物性、运动参数及其有关的无量纲变量，无法求其解析解。因此，对于气液两相管流习惯采用迭代法，可分为按管段长度或压力两种。本书重点介绍按管长增量迭代法的求解步骤。

将式（3.1）写成管长增量的形式：

$$\Delta z_i = \Delta p \left/ \left(\frac{\mathrm{d}p}{\mathrm{d}z}\right)_i \right. \tag{3.2}$$

式中，下标 i 为节点序号；$(\mathrm{d}p/\mathrm{d}z)_i$ 为式（3.1）的右函数值。

式（3.2）中的压力增量值 Δp 的大小控制了计算节点的数目，将直接影响计算的误差和速度。一般选 $\Delta p=0.3\sim1.0$ MPa，低压条件下应取得小一些，而高压条件下则应取得大一些。这样既能减小计算误差又能提高计算速度。

现以根据井口条件计算油管下部终点压力为例，已知井口（$z_0=0$）压力 $p_0=p_{wh}$ 沿油管的压力分布计算步骤如下：

（1）记计算节点序号 $i=1$，选取压力增量 Δp 和对应的管长初值 Δz^0；

（2）计算第 i 节点位置 z_i 及其温度：

$$z_i = z_{i-1} + \Delta z^0$$

考虑流体温度沿井深线性变化，节点处温度为

$$T_i = T(z_i) = T_0 + g_t z_i$$

（3）计算 Δz^0 段的平均温度和平均压力：

$$\overline{T} = (T_{i-1} + T_i)/2$$
$$\overline{p} = p_{i-1} + \Delta p/2$$

（4）计算 $\overline{T}$、$\overline{p}$ 条件下的有关物性参数；

（5）计算各相体积流量 q_g、q_l，表观流速 v_{sg}、v_{sl} 及混合物流速 v_m；

（6）计算有关无量纲量并判别流型；

（7）计算相应流型下的持液率、混合物密度、摩阻系数和压力梯度；

（8）计算 Δz_i；

（9）若 $|\Delta z_i - \Delta z^0|/\Delta z_i \leqslant \varepsilon$，则转向计算步骤（10）；否则令 $\Delta z^0 = \Delta z_i$，转向计算步骤（2）；

（10）计算并输出第 i 节点位置和相应压力：

$$z_i = z_{i+1} + \Delta z_i,\quad p_i = p_0 + i\Delta p$$

（11）若 $z_i \geqslant H$ 计算结束；否则 $\Delta z^0 = \Delta z_i$，$i=i+1$ 转向步骤（2）。

3.2.1.2 管流计算模型优选

（1）Hagedorn–Brown（HB）模型。

Hagedorn–Brown 模型最主要的特点是不需要划分流态。该模型是基于小管径两相流的实验数据建立的压降模型，其持液率是依靠大量的现场实验而得，同时对摩阻系数进行修正。该模型适合于产水气井，当管径较大时，其结果会偏小。

Hagedorn-Brown 垂直管两相流压降关系式为

$$\frac{\mathrm{d}p}{\mathrm{d}z} = \rho_\mathrm{m} g + f_\mathrm{m} \frac{G_\mathrm{m}^2}{2DA^2 \rho_\mathrm{m}} \tag{3.3}$$

$$\rho_\mathrm{m} = \rho_\mathrm{g}(1-H_\mathrm{l}) + \rho_\mathrm{l} H_\mathrm{l} \tag{3.4}$$

式中　G_m——混合物质量流量，kg/s；
　　　A——管子流通截面积，m^2；
　　　ρ_g——气相混合物密度，$\mathrm{kg/m}^3$；
　　　ρ_l——液相混合物密度，$\mathrm{kg/m}^3$；
　　　H_l——持液率。

（2）Beggs-Brill（B-B）模型。

Beggs 和 Brill 通过对倾斜聚丙烯管内空气和水的流动特性进行实验分析及理论推导，提出了 Beggs-Brill 模型。该模型对全部流型进行实验并建立了流型分布图。通过实验计算持液率，采用光滑摩阻系数求解阻力系数。该模型虽然考虑了井斜角，但是仍基于垂直流动。

（3）Mukherjee-Brill（MB）模型。

Mukherjee-Brill 模型是从 Beggs-Brill 模型的基础上推导得出的，与 Beggs-Brill 模型相比，Mukherjee-Brill 模型突出了对倾角流型影响的考虑。该模型通过实验数据作出流型转换图，对实验结果进行非线性回归获得截面含液率。提出了对于倾斜管的流型判断及持液率等计算方法。

Mnkerjee-Brill 倾斜管两相压降关系式为

$$\frac{\mathrm{d}p}{\mathrm{d}z} = \frac{\rho_\mathrm{m} g \sin\theta + f_\mathrm{m} \rho_\mathrm{m} v_\mathrm{m}^2 / (2D)}{1 - \rho_\mathrm{m} v_\mathrm{m} v_\mathrm{sg} / p} \tag{3.5}$$

式中　v_sg——气相表观速度，m/s。

（4）Gray 模型。

Gray 模型的特点之一是不用划分流态。该模型是在现场一百多口井的实际资料分析的基础上提出来的，主要适用于凝析气井。分析发现，对于低气液比的资料，Gray 模型计算结果往往偏小。

（5）Orkiszewski 模型。

Orkiszewski 模型属于经验模型，是基于前人多种压降模型优选结果而提出的新模型。该模型同时对前人已有的摩阻系数计算进行了优化，并提出了流体分布系数的概念。

（6）Duns-Ros 模型。

Duns-Ros 模型不仅要考虑流型也要考虑滑脱。该模型主要适用于气液两相垂直管流，且对于短管段有更好的适用性，对于深度较深的井必须分段计算。

（7）Aziz-Govier-Fogarasi 模型。

Aziz-Govier-Fogarasi 模型通过实验将流态分为泡状流、段塞流、过渡流和环雾流，并给出了各流态下的计算表达式，该模型各流型的界限明确易于识别，适合编程计算。

（8）Ansari 模型。

Ansari 模型属于机理模型，该模型是对单一流态的机理进行组合，通过对一千多口井的实测数据进行分析来验证模型的合理性。该模型主要用于垂直油气井，一般用于气水井。

根据 ZB4-5 井、ZB1-1 井测取了井底压力测试数据，用上述各个模型计算得到测点深度压力数据，对其相关系数进行了分析，表 3.1 为不同井底压力计算模型相关系数的统计表。

表 3.1　不同井底压力计算模型相关系数统计表

ZB4-5 井		ZB1-1 井	
模型	相关系数	模型	相关系数
实测数据	1	实测数据	1
Duns-Ros	0.9962	B-B	0.9860
Orkiszewski	0.9961	M-B	0.9846
Gray	0.9944	Duns-Ros	0.9836
B-B	0.9923	Aziz-Govier-Fogarasi	0.9833
Ansari	0.9812	Ansari	0.9829
M-B	0.897	Gray	0.9825
Aziz-Govier-Fogarasi	0.8788	Orkiszewski	0.9823
H-B	0.8316	H-B	0.9746

通过对各模型的相关系数进行比较分析，Duns-Ros 模型的相关系数较高。该模型考虑了流型和滑脱的影响，结合本区实际生产动态情况，确定用该模型进行井底压力计算。

3.2.2　昭通地区井底压力计算模型验证

根据前述提出的井底压力计算方法，将 2 口井（ZB4-5 井、ZB1-1 井）的实测资料进行整理、计算，把各个制度下折算压力与实测压力进行对比，分析其偏差程度，两口井的计算结果分别见表 3.2 和表 3.3。

分析表 3.2 和表 3.3，各工作制度下的计算压力与实测压力偏差较小，对于没有测试井底压力的气井，可以采用上述方法得到折算压力作为井底压力进行相关研究计算。

表3.2　ZB4-5井不同测试产量下的井底压力对比表

q_{sc}/(10^4m³/d)	实测压力/MPa	折算压力/MPa	偏差/%
4.70	28.14	30.27	7.04
5.84	26.06	27.41	4.92
7.37	24.01	26.02	7.72
9.23	22.96	24.61	6.71
9.55	20.85	22.99	9.32
9.97	18.15	19.98	9.18

表3.3　ZB1-1井不同测试产量下的井底压力对比表

q_{sc}/(10^4m³/d)	实测压力/MPa	折算压力/MPa	偏差/%
4.9984	23.41	27.06	13.49
6.9879	22.93	23.64	3.00
8.8113	21.32	20.74	2.80
11.6496	19.57	17.02	14.98
7.0993	20.12	21.57	6.72

3.2.3　产能评价方程

3.2.3.1　常规产能方程

（1）直线式产能方程。

对于直线式产能方程，基于均质、定产量生产的假设条件，气体渗流微分方程可以写成

$$\frac{d^2\psi(p)}{dr^2}+\frac{1}{r}\frac{d\psi(p)}{dr}=0 \quad (3.6)$$

考虑渗流为等温过程，经过一系列推导变换，可以推导出直线式产能方程：

$$p_R^2 - p_{wf}^2 = Aq_{sc} \quad (3.7)$$

其中

$$A = \frac{1.291\times10^{-3}\bar{\mu}\bar{Z}T}{Kh}\ln\frac{r_e}{r_w}$$

式中　p_R——地层压力，MPa；

p_{wf}——井底流压，MPa；

q_{sc}——标准状态下的流量，m³/s；
r_e——气藏供给半径，m；
r_w——井半径，m；
K——气藏渗透率，D；
T——温度，K；
h——气藏有效厚度；
$\bar{\mu}$——平均天然气黏度，mPa·s；
$\bar{Z}$——平均气体偏差系数。

（2）二项式产能方程。

Forchheimer 通过实验，提出了描述非线性渗流的二次方程：

$$-\frac{dp}{dr} = \frac{\mu}{K}v + \beta\rho v^2 \tag{3.8}$$

经过引入状态方程、拟压力等变换，即可推导出二项式产能方程：

$$p_R^2 - p_{wf}^2 = Aq_{sc} + Bq_{sc}^2 \tag{3.9}$$

其中

$$A = \frac{\bar{\mu}\bar{Z}p_{sc}T}{\pi KhT_{sc}Z_{sc}} \ln\frac{r_e}{r_w}$$

$$B = \frac{\bar{Z}\beta\rho_{sc}Tp_{sc}}{2\pi^2 h^2 T_{sc}Z_{sc}} \left(\frac{1}{r_w} - \frac{1}{r_e}\right)$$

式中 β——惯性阻力系数，m⁻¹；
p_{sc}——标况下压力，Pa；
Z_{sc}——标况下气体偏差系数；
ρ_{sc}——标况下气体密度，kg/m³；
T_{sc}——标况下气体温度，K。

（3）指数式产能方程。

Rawlines 和 Schell hardt 根据大量经验观测，提出了产量与压力之间的经验关系式：

$$q = C\left(p_R^2 - p_{wf}^2\right)^n \tag{3.10}$$

基于气井定产量生产、等温渗流、均质、各向同性、渗流规律满足指数方程等假设，通过一系列的变换整理可得指数式产能方程：

$$q_{sc} = C\left(p_R^2 - p_{wf}^2\right)^n \tag{3.11}$$

其中

$$C = 2\pi hc' \left(\frac{1-n}{n}\right)^n \rho_{sc}^{n-1} \left(\frac{T_{sc}Z_{sc}}{2p_{sc}\overline{Z}T}\right)^n \left(\frac{1}{r_w^{\frac{1-n}{n}} - r_e^{\frac{1-n}{n}}}\right)^n$$

式中，c' 是与气层参数 μ、ρ、κ、ϕ 等有关的参数。产能指数 n 一般在 0.5～1.0。当 $n=1.0$ 时，产量与压力平方差之间呈线性关系，此时为线性流动状态；$n=0.5$ 时，压力平方差与产量平方成正比，处于完全紊流状态。

3.2.3.2　三项式产能方程

在一些高压气藏中，在处理试井资料的过程中发现其产能测试曲线与传统的二项式或指数式曲线不符，当继续采用二项式或指数式方程来解释时，可能出现解释结果与实际情况存在偏差或无法解释的现象。通过分析研究，总结为以下几种原因。

（1）稳定试井曲线出现异常的一个原因是受到产量及流速的波动影响。理论上，获得的试井资料是不同工作制度下的稳定产量，但可能由于某些客观原因导致该数据在采集过程中存在着很大的偏差，最终导致结果的偏差。

（2）井底积液会造成气井井底流压和产量的不稳定，井底积液的存在是导致曲线异常的一个重要因素。

（3）由于岩石中的黏土是由很薄的晶片组成，这些晶片具有吸水的极性分子的能力，由此形成吸附水化膜，使渗透率降低。岩石表面由于物理、化学和物理化学复杂因素而产生的边界效应致使岩石表面形成水化膜和吸附层，以及岩石对天然气的吸附，造成流动通道的复杂化，从而增大了天然气在储层中渗流的非线性效应，这是该类气井产能测试资料按常规法处理异常的重要原因。

为解决曲线异常的问题，Forchheimer 提出了采用式（3.12）对试井资料进行解释：

$$\mathrm{grad}\,p = -\left(av + b|v|v + c|v|^2 v\right) \qquad (3.12)$$

Firozzabodi 等将式（3.12）变换为

$$\mathrm{grad}\,p = -\left(\frac{\mu}{K}v + \beta\rho|v|v + \gamma\rho^2|v|^2 v\right) \qquad (3.13)$$

式（3.13）明确了式（3.12）中系数 a、b、c 的物理意义，称 γ 为第二速度系数，但是式（3.13）并没有从机理上解决三次方项的物理意义问题。

Ezevdembah 等用黏性流体动力学的知识解决了三次方项的问题。

在多孔介质中流动的天然气，由于其流动通道的曲折复杂，天然气与流动通道的接触表面积很大，致使在孔道表面形成了一层特殊的流动区域，而且流速越高，两个区域的差别就越大，将这个流动区域称为普朗特边界层，如图 3.3 所示。

把流动通道中天然气的流动速度分两部分，即平均速度 $\bar{v}$ 和脉动速度 v'：

$$v = \bar{v} + v' \qquad (3.14)$$

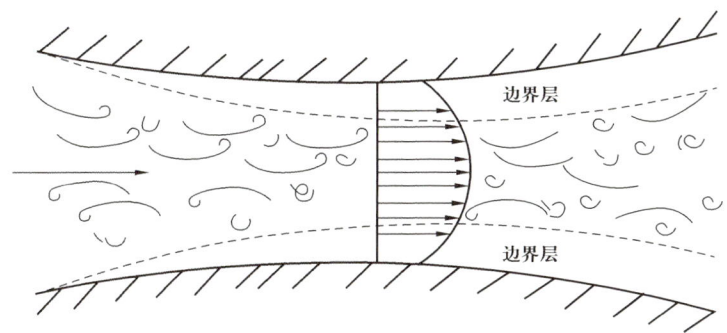

图 3.3　天然气在多孔介质孔道中的流动示意图

则 Navier-Stokes 方程表示为

$$\frac{\partial p}{\partial x_j} + \frac{\partial}{\partial x_i}\left(-\rho \overline{v_i' v_j}\right) = \mu \frac{\partial^2 \overline{v_j}}{\partial x_i \partial x_i} + \rho v_i' \frac{\partial \overline{v_j}}{\partial x_j} \qquad (3.15)$$

式中　$\overline{v_j}$——平均流动速度在 j 方向的分量，$j=1$，2；

　　　v_i'——脉动速度在 i 方向的分量，$i=1$，2；

　　　i，j——Einstein 求和约定。

对式（3.15）变形，i,j 按照 Einstein 求和规律取值，根据流动相似性原理和因次分析，考虑一维情况（$j=i$）可得

$$-\frac{\mathrm{d}p}{\mathrm{d}x} = \left(\frac{A_1 \mu v}{L^2} + \frac{A_2 \rho v^2}{L} + \frac{A_3 \rho v'^2 v}{Lv}\right) \qquad (3.16)$$

式中　A_1、A_2、A_3——常数；

　　　L——渗流介质长度。

由于 v 与 v' 有相同的数量级，式（3.16）可以整理为：

$$\frac{\mathrm{d}p}{\mathrm{d}x} = -\left(\frac{\mu}{K}v + \beta \rho v^2 + \gamma' \rho^2 v^3\right) \qquad (3.17)$$

与式（3.13）对比，可以发现式（3.17）与式（3.13）是一致的，由此可以判断三次方项表示脉动项。

由雷诺应力的定义：

$$\tau_{ij} = \rho \overline{v_i' v_j}$$

式（3.17）右端第三项正好是雷诺应力在 x_i 轴上的变化率 $\dfrac{\partial \tau_{ij}}{\partial x_i}$，因此式（3.17）的速度三次方项可解释为雷诺应力的变化引起的附加阻力。

γ' 具有 μ 的倒数量纲：

$$\gamma'\mu = \frac{A_3}{Re} \tag{3.18}$$

进一步分析可得

$$\gamma'\mu = D_0^2 \tag{3.19}$$

式中　D_0——边界层阻力系数。

可知式（3.17）右端第三项与边界层的影响有关，因此称该项为边界层阻力项，γ' 为三次方项参数。

将式（3.17）写成一般形式：

$$\mathrm{grad}p = -\left(\frac{\mu}{K}v + \beta\rho|v|v + \gamma'\rho^2|v|^2 v\right) \tag{3.20}$$

式（3.20）中各项物理意义：速度的一次方项表示一般的黏性作用；速度的二次方项表示边界层外孔道中心惯性力作用；速度的三次方项表示在边界层内黏性力和边界阻力的作用。

昭通页岩气示范区具有较发育的裂缝网络，储层具有强烈的应力敏感效应，因此，必须考虑应力敏感效应对该区产能的影响。

渗透率模量 γ 由下式确定：

$$\gamma = \frac{1}{K}\frac{\mathrm{d}K}{\mathrm{d}p} \tag{3.21}$$

根据前述研究，昭通地区页岩渗透率与有效应力间的关系符合下面的指数式关系：

$$K = C_0 K_0 \mathrm{e}^{-\gamma\sigma} \tag{3.22}$$

式中　C_0——应力敏感修正系数；
　　　K_0——气藏原始渗透率，mD。

此外，设地层厚度为 h，可得

$$v = \frac{q_{\mathrm{sc}}}{2\pi rh}\frac{p_{\mathrm{sc}}\overline{Z}T}{pT_{\mathrm{sc}}} \tag{3.23}$$

引入气体状态方程

$$\rho = \frac{pM_\mathrm{g}}{ZRT} \tag{3.24}$$

式中　M_g——气体相对摩尔质量；
　　　R——摩尔气体常数，$R = 8.314\mathrm{J}/(\mathrm{mol}\cdot\mathrm{K})$。

将式（3.22）及式（3.23）代入式（3.20），并结合连续性方程，在稳定径向流情况下可得

$$p_R^2 - p_{wf}^2 = 0.0065 \times \frac{\mu M_g}{\rho h C_0 K_0 \mathrm{e}^{-\gamma\sigma}} \ln\frac{r_e}{r_w} q_{sc} + 4.2218 \times 10^{-5}$$
$$\frac{\beta M_g^2}{h^2 \rho}\left(\frac{1}{r_w} - \frac{1}{r_e}\right) q_{sc}^2 + 1.3715 \times 10^{-7} \frac{\gamma' M_g^3}{\rho h^3}\left(\frac{1}{r_w^2} - \frac{1}{r_e^2}\right) q_{sc}^3$$

（3.25）

令

$$A = 0.0065 \times \frac{\mu M_g}{\rho h C_0 K_0 \mathrm{e}^{-\gamma\sigma}} \ln\frac{r_e}{r_w}$$

$$B = 4.2218 \times 10^{-5} \frac{\beta M_g^2}{h^2 \rho}\left(\frac{1}{r_w} - \frac{1}{r_e}\right)$$

$$C = 1.3715 \times 10^{-7} \frac{\gamma' M_g^3}{\rho h^3}\left(\frac{1}{r_w^2} - \frac{1}{r_e^2}\right)$$

则式（3.25）可以简化为

$$p_R^2 - p_{wf}^2 = A q_{sc} + B q_{sc}^2 + C q_{sc}^3 \tag{3.26}$$

通常，产能方程可以用压力表示，也可以用拟压力和压力的平方表示。拟压力形式的产能方程，一般在计算机的试井解释软件系统中使用；压力形式的产能方程一般用于高压气藏；低压气藏采用压力平方的形式。同时，研究人员指出，Ezeudembah 等运用黏性流体动力学知识从机理上给予了分析，在井底流压高于 20.7MPa 的情况下，将式（3.26）简化得到式（3.27）的三项式产能方程。研究区属于高压气藏，因此本文的三项式产能方程都采用式（3.27）的形式，即采用压力形式的产能方程。

$$p_R - p_{wf} = Aq + Bq^2 + Cq^3 \tag{3.27}$$

3.3 实测数据产能试井分析

3.3.1 昭通部分井产能评价

3.3.1.1 ZA24 平台

（1）不适用二项式产能方程进行产能评价的实例。

在采用二项式产能方程对气井进行产能评价时，由于种种因素，导致二项式产能曲线异常的情况（图3.4），从而会导致产能方程无法求根的现象。

对 ZA24 平台的各井进行分析，当采用二项式产能方程进行分析时会出现负斜率或无规律的异常曲线（图 3.5 至图 3.7），从而导致二项式产能方程无法求根，无法获得无阻流量，因而二项式产能方程在此不适用。

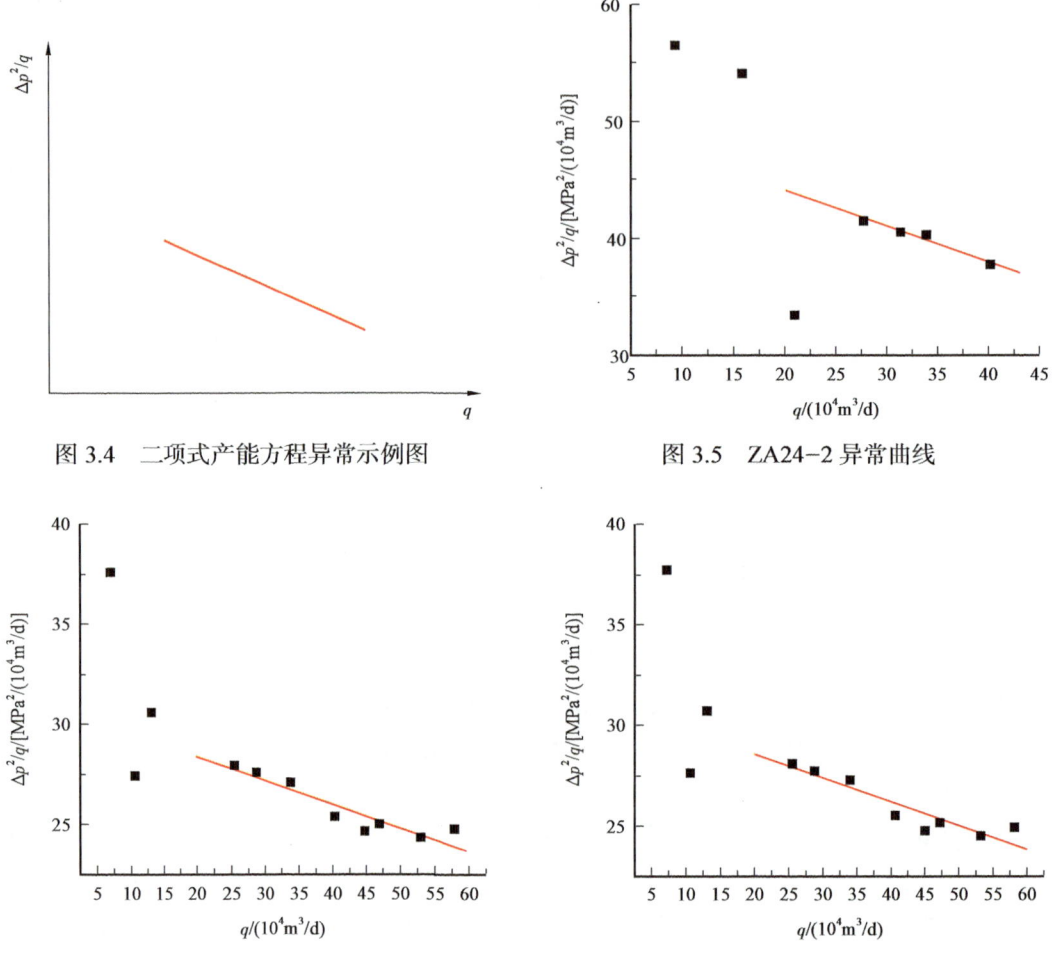

图 3.4　二项式产能方程异常示例图　　　　图 3.5　ZA24-2 异常曲线

图 3.6　ZA24-4 异常曲线　　　　　　　　图 3.7　ZA24-9 异常曲线

因此对于 ZA24 平台的所有井，拟采用指数式、直线式、三项式产能方程对其进行分析。

（2）ZA24-1 井。

不同工作制度下产气量与井底压力统计表，见表 3.4。

表 3.4　ZA24-1 井产气量与井底压力统计表

制度 /mm	$q_{sc}/(10^4 m^3/d)$	p_{wf}/MPa
6	6.56	37.64
7	9.77	37.28

续表

制度 /mm	q_{sc}/ ($10^4 m^3/d$)	p_{wf}/MPa
8	12.21	35.02
9	16.98	33.64
10	20.56	31.52
11	25.14	29.17
12	28.09	27.51
13	30.22	25.86
14	30.926	23.27
15	32.587	21.05
16	34.6	19.74
18	39.5	18.04
20	41.04	16.07

① 指数式产能方程。

将测试数据进行整理，并作图进行线性拟合，如图 3.8 所示。

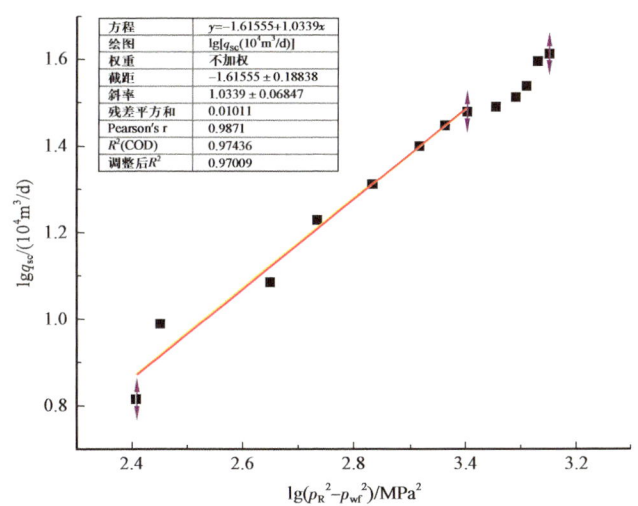

图 3.8 指数式产能方程曲线

产能方程：$q=0.0322(p_R^2-p_{wf}^2)^{0.98}$。

无阻流量：$q_{AOF}=47.97\times10^4 m^3/d$。

② 直线式产能方程。

将测试数据进行整理，并作图进行线性拟合，如图 3.9 所示。

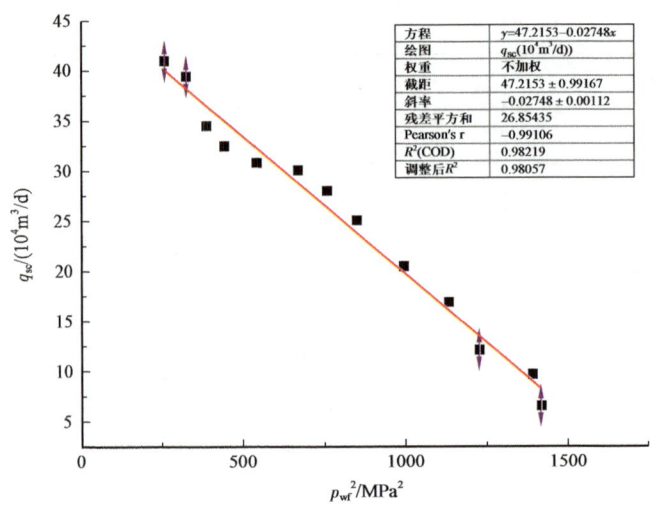

图 3.9　直线式产能方程曲线

产能方程：$p_R^2 - p_{wf}^2 = 36.3636q$。

无阻流量：$q_{AOF} = 47.22 \times 10^4 \text{m}^3/\text{d}$。

③ 三项式产能方程。

将测试数据进行整理，并作图进行拟合，如图 3.10 所示。

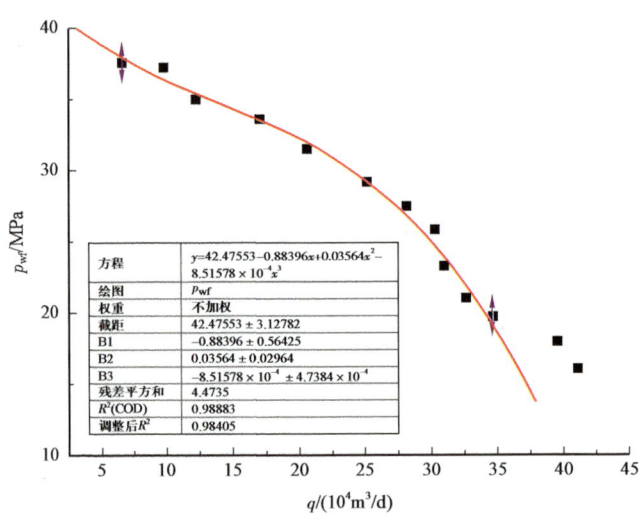

图 3.10　三项式产能方程曲线

产能方程：$p_R - p_{wf} = 0.8868q - 0.0358q^2 + 0.0009q^3$。

无阻流量：$q_{AOF} = 42.6 \times 10^4 \text{m}^3/\text{d}$。

利用上述三种方法求取无阻流量并进行对比，所求得的无阻流量比较接近，则该井无阻流量选择为各方法获得 q_{AOF} 的平均值，即 $q_{AOF} = 45.93 \times 10^4 \text{m}^3/\text{d}$。

（3）ZA24-2 井。

不同工作制度下产气量与井底压力统计表，见表 3.5。

表 3.5　ZA24-2 井产气量与井底压力统计表

制度 /mm	q_{sc}/（$10^4 m^3$/d）	p_{wf}/MPa
6	9.39	35.07
7	17.1	35.78
8	15.86	30.03
9	20.99	32.55
10	24.78	33.78
11	20.34	25.14
12	23.55	22.4
13	27.78	24.64
14	31.38	22.11
15	33.9	19.83
16	33.24	17.58
18	40.11	15.78
20	42.08	13.71

① 指数式产能方程。

将测试数据进行整理，并作图进行拟合，如图 3.11 所示。

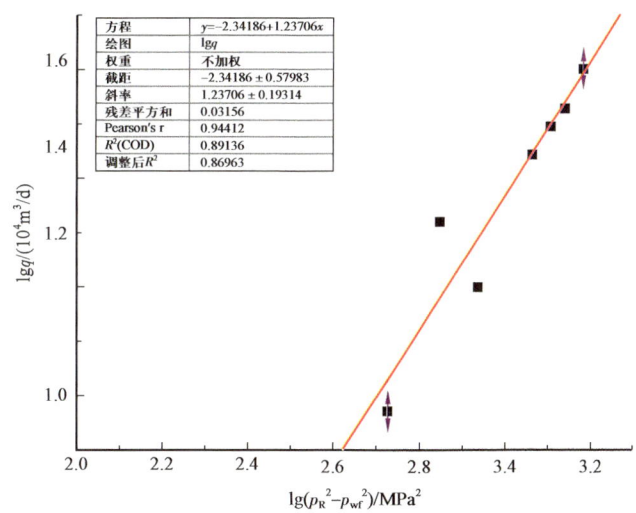

图 3.11　指数式产能方程曲线

产能方程：$q=0.0046（p_R^2-p_{wf}^2）^{1.23}$。

无阻流量：$q_{AOF}=45.18\times 10^4 m^3$/d。

② 直线式产能方程。

将测试数据进行整理,并作图进行拟合,如图3.12所示。

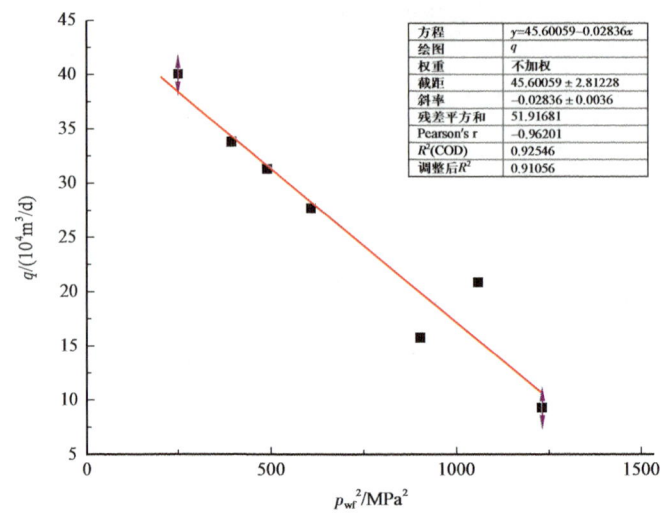

图3.12 直线式产能方程曲线

产能方程:$p_R^2 - p_{wf}^2 = 35.71q$。

无阻流量:$q_{AOF} = 45.6 \times 10^4 \mathrm{m}^3/\mathrm{d}$。

③ 三项式产能方程。

将测试数据进行整理,并作图进行拟合,如图3.13所示。

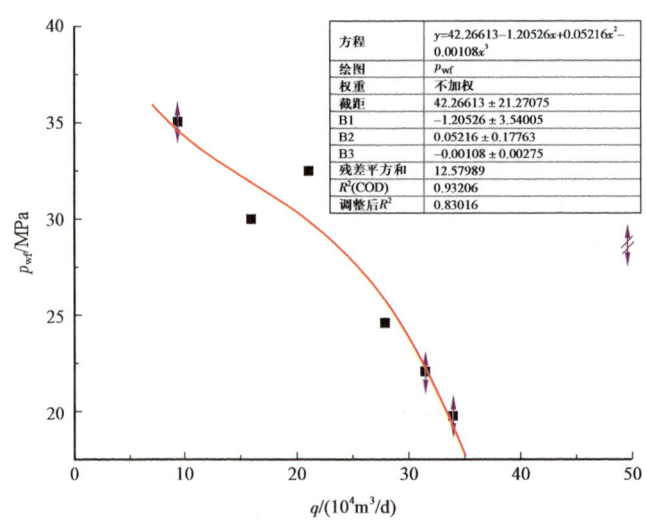

图3.13 三项式产能方程曲线

产能方程:$p_R - p_{wf} = 1.2053q - 0.0522q^2 + 0.0011q^3$。

无阻流量:$q_{AOF} = 42.79 \times 10^4 \mathrm{m}^3/\mathrm{d}$。

利用上述三种方法求取无阻流量并进行对比,所求得的无阻流量比较接近,则该井无阻流量选择为各方法获得 q_{AOF} 的平均值，即 $q_{AOF}=44.52\times10^4\text{m}^3/\text{d}$。

（4）ZA24-3 井。

不同工作制度下产气量与井底压力统计表，见表 3.6。

表 3.6 ZA24-3 井产气量与井底压力统计表

制度 /mm	q_{sc}/(10^4m^3/d)	p_{wf}/MPa
5	12.51	28.62
7	9.86	30.67
8	13.38	28.32
9	16.29	28.75
10	15.8	29.76
11	23.72	30.13
12	28.62	26.79
13	29.27	24.67
15	35.92	21.35
16	40.15	17.18
18	41.24	17
20	42.43	14.86

① 指数式产能方程。

将测试数据进行整理，并作图进行拟合，如图 3.14 所示。

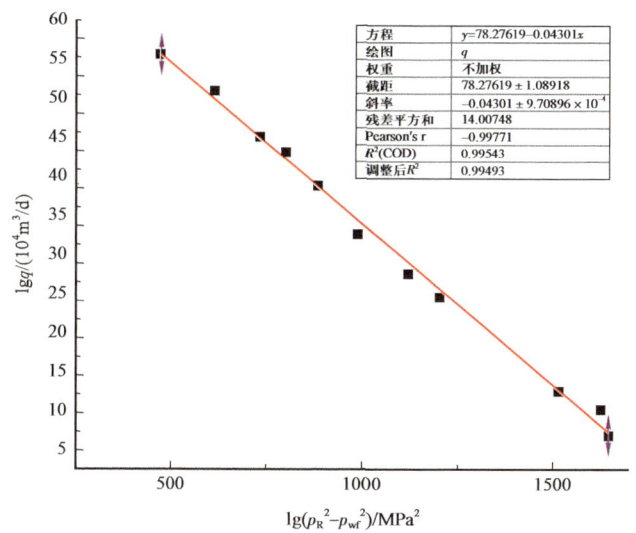

图 3.14 指数式产能方程曲线

产能方程：$q=0.0052(p_R^2-p_{wf}^2)^{1.3}$。

无阻流量：$q_{AOF}=57.44\times10^4 m^3/d$。

② 直线式产能方程。

将测试数据进行整理，并作图进行拟合，如图3.15所示。

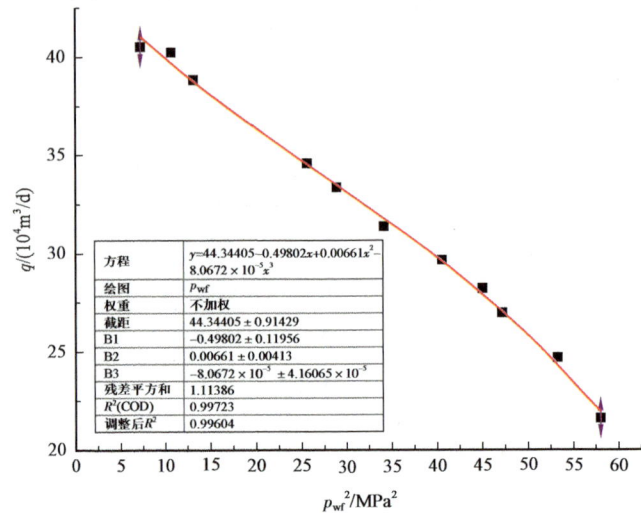

图 3.15　直线式产能方程曲线

产能方程：$p_R^2-p_{wf}^2=21.74q$。

无阻流量：$q_{AOF}=54.72\times10^4 m^3/d$。

③ 三项式产能方程。

将测试数据进行整理，并作图进行拟合，如图3.16所示。

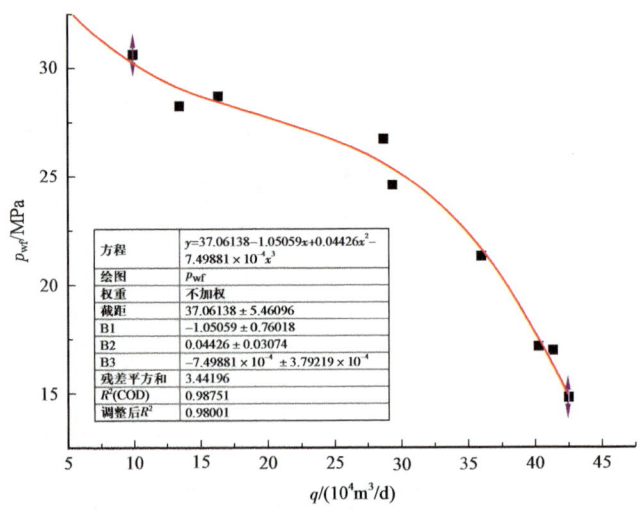

图 3.16　三项式产能方程曲线

产能方程：$p_R - p_{wf} = 1.0506q - 0.0443q^2 + 0.0007q^3$。

无阻流量：$q_{AOF} = 53.65 \times 10^4 \text{m}^3/\text{d}$。

利用上述三种方法求取无阻流量并进行对比，所求得的无阻流量比较接近，则该井无阻流量选择为各方法获得 q_{AOF} 的平均值，即 $q_{AOF} = 55.27 \times 10^4 \text{m}^3/\text{d}$。

（5）ZA24-4 井。

不同工作制度下产气量与井底压力统计表，见表 3.7。

表 3.7 ZA24-4 井产气量与井底压力统计表

制度 /mm	$q_{sc}/(10^4\text{m}^3/\text{d})$	p_{wf}/MPa
6	7.14	40.58
7	10.62	40.29
8	13.12	38.9
11	25.55	34.62
12	28.81	33.41
13	34.03	31.44
14	40.46	29.7
15	44.99	28.26
16	47.1	27.03
18	53.17	24.75
19	57.98	21.67
20	63.14	19.37

① 指数式产能方程。

将测试数据进行整理，并作图进行拟合，如图 3.17 所示。

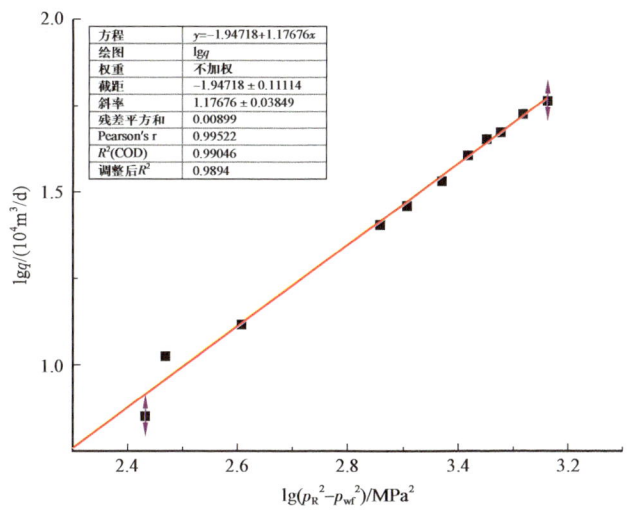

图 3.17 指数式产能方程曲线

产能方程：$q=0.0113(p_R^2-p_{wf}^2)^{1.18}$。

无阻流量：$q_{AOF}=82.54\times10^4\text{m}^3/\text{d}$。

②直线式产能方程。

将测试数据进行整理，并作图进行拟合，如图3.18所示。

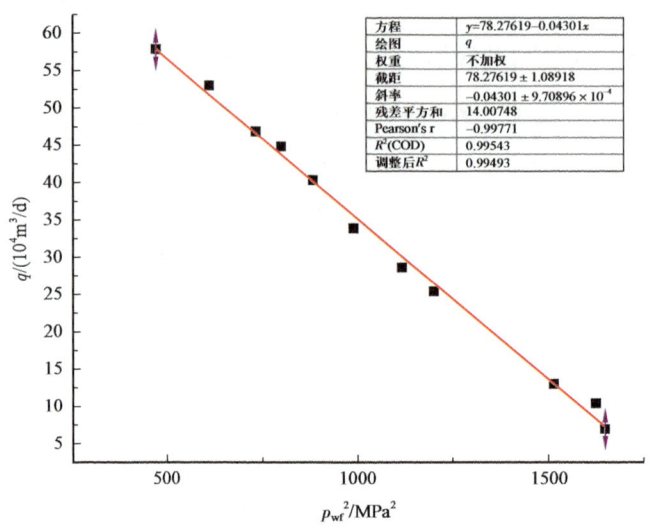

图3.18 直线式产能方程曲线

产能方程：$p_R^2-p_{wf}^2=23.26q$。

无阻流量：$q_{AOF}=78.28\times10^4\text{m}^3/\text{d}$。

③三项式产能方程。

将测试数据进行整理，并作图进行拟合，如图3.19所示。

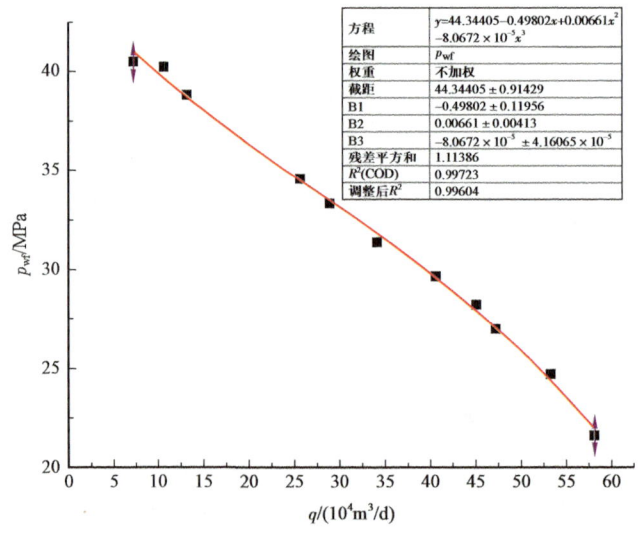

图3.19 三项式产能方程曲线

产能方程：$p_R-p_{wf}=0.498q-0.0066q^2+0.0001q^3$。

无阻流量：$q_{AOF}=76.5\times10^4\text{m}^3/\text{d}$。

利用上述三种方法求取无阻流量并进行对比，所求得的无阻流量比较接近，则该井无阻流量选择为各方法获得 q_{AOF} 的平均值，即 $q_{AOF}=79.11\times10^4\text{m}^3/\text{d}$。

（6）ZA24-5井。

不同工作制度下产气量与井底压力统计表，见表3.8。

表3.8 ZA24-5井产气量与井底压力统计表

制度/mm	$q_{sc}/(10^4\text{m}^3/\text{d})$	p_{wf}/MPa
5	0.14	34.83
6	0.63	31.39
7	3.5	30.59
8	5.98	26.75
9	9.53	27.15
10	13.42	23.15
11	11.24	20.46
12	17.02	19.53
13	19.74	19.2
14	23.25	18.31
15	27.96	17.95
16	31.44	16.46
18	36.71	14.34
20	37.28	13.88
22	40.22	13.71

① 指数式产能方程。

将测试数据进行整理，并作图进行拟合，如图3.20所示。

产能方程：$q=5.75\times10^{-12}(p_R^2-p_{wf}^2)^{1.18}$。

无阻流量：$q_{AOF}=85.13\times10^4\text{m}^3/\text{d}$。

② 直线式产能方程。

将测试数据进行整理，并作图进行拟合，如图3.21所示。

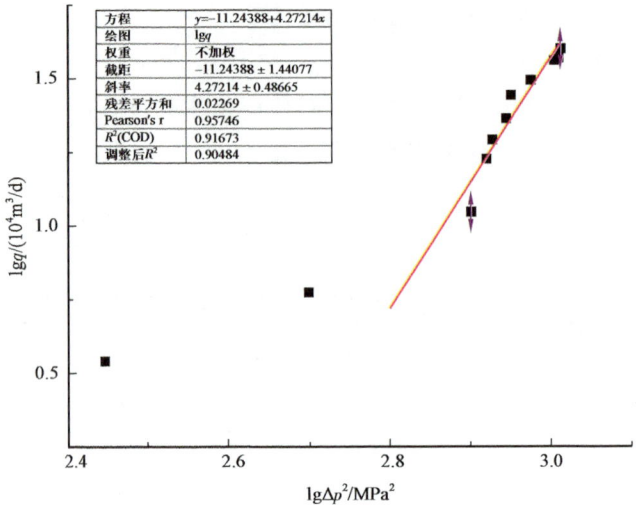

图 3.20　指数式产能方程曲线

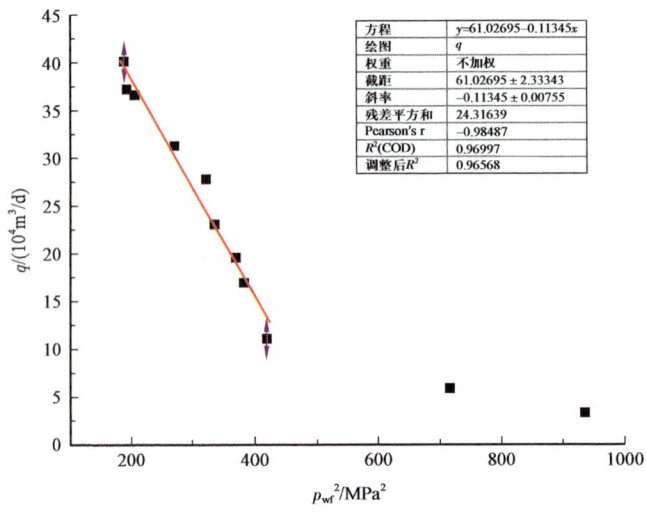

图 3.21　直线式产能方程曲线

产能方程：$p_R^2 - p_{wf}^2 = 8.81q$。

无阻流量：$q_{AOF} = 61.03 \times 10^4 \text{m}^3/\text{d}$。

③ 三项式产能方程。

将测试数据进行整理，并作图进行拟合，如图 3.22 所示。

产能方程：$p_R - p_{wf} = 2.0059q - 0.0761q^2 + 0.001q^3$。

无阻流量：$q_{AOF} = 50.58 \times 10^4 \text{m}^3/\text{d}$。

利用上述三种方法求取无阻流量并进行对比，指数式产能方程的无阻流量比另外两种方法得到的 q_{AOF} 大得多，结合生产动态分析，无阻流量选取考虑直线式与三项式的平均值，即 $q_{AOF} = 55.81 \times 10^4 \text{m}^3/\text{d}$。

3 昭通页岩气井产能试井分析

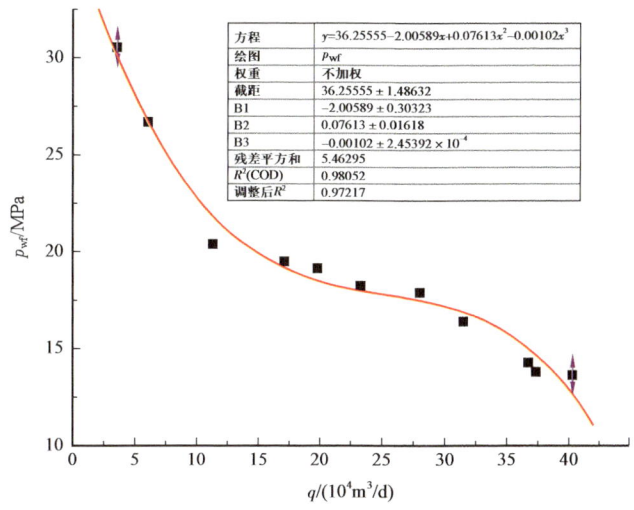

图 3.22 三项式产能方程曲线

（7）ZA24-7 井。

不同工作制度下产气量与井底压力统计表，见表 3.9。

表 3.9 ZA24-7 井产气量与井底压力统计表

制度 /mm	q_{sc}/（$10^4 m^3$/d）	p_{wf}/MPa
5	0.17	35.14
6	0.34	34
7	2.95	34.19
8	10.14	36.32
9	14.21	36.1
10	17.83	28.52
11	21.87	33.65
13	29.43	30.75
14	33.22	28.36
15	43.19	23.57
16	45.41	22.78
17	47.37	21.34
18	51.14	20.93
20	55.15	19.39

① 指数式产能方程。

将测试数据进行整理，并作图进行拟合，如图 3.23 所示。

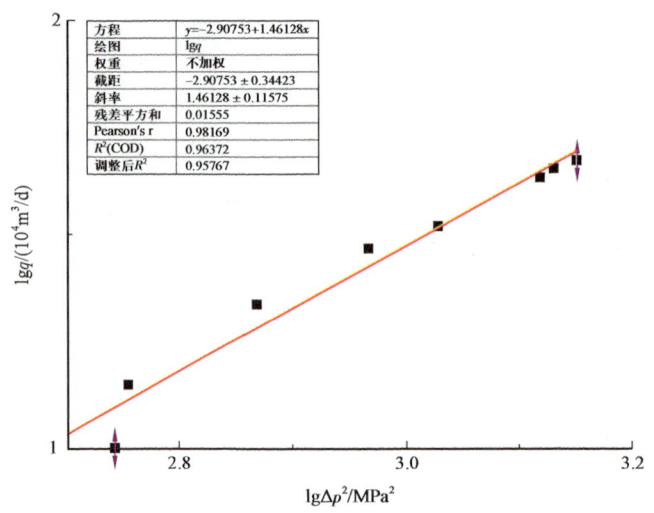

图 3.23 指数式产能方程曲线

产能方程：$q=0.0012(p_R^2-p_{wf}^2)^{1.46}$。

无阻流量：$q_{AOF}=71.82\times 10^4 m^3/d$。

② 直线式产能方程。

将测试数据进行整理，并作图进行拟合，如图 3.24 所示。

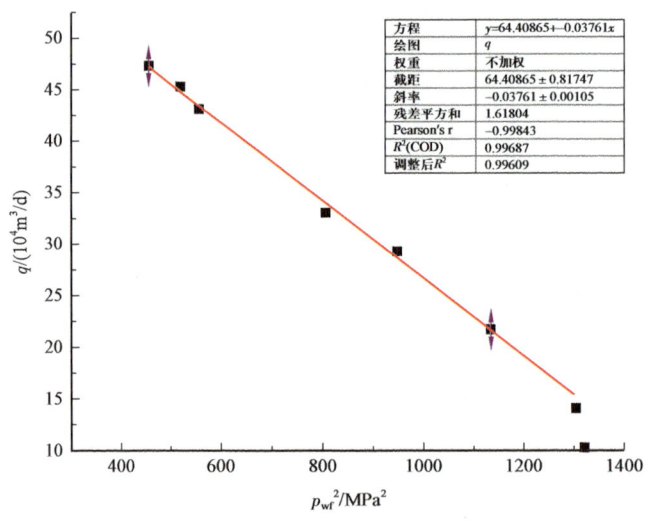

图 3.24 直线式产能方程曲线

产能方程：$p_R^2-p_{wf}^2=26.6q$。

无阻流量：$q_{AOF}=64.4\times 10^4 m^3/d$。

③ 三项式产能方程。

将测试数据进行整理，并作图进行拟合，如图 3.25 所示。

产能方程：得不到合理的三项式方程。

无阻流量：无。

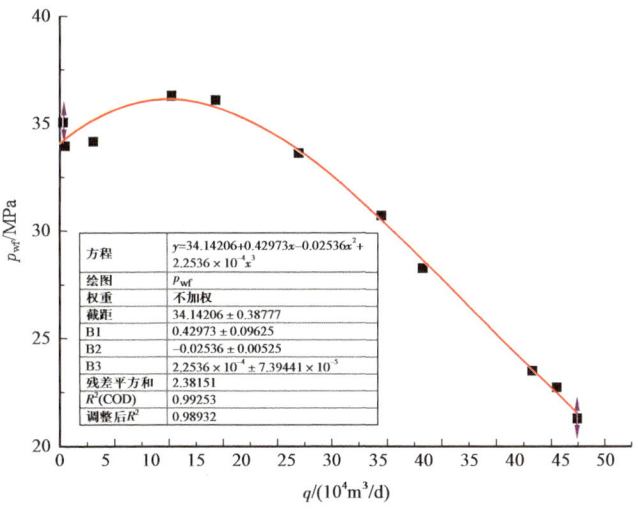

图 3.25　三项式产能方程曲线

通过对三种方法下的无阻流量进行对比，可以发现在指数式与直线式两种方法曲线的拟合上，直线式的拟合效果更佳，因此选取该井的无阻流量为 $q_{AOF}=64.4\times10^4 m^3/d$。

（8）ZA24-9 井。

不同工作制度下产气量与井底压力统计表，见表 3.10。

表 3.10　ZA24-9 井产气量与井底压力统计表

制度 /mm	$q_{sc}/(10^4 m^3/d)$	p_{wf}/MPa
6	1.48	30.69
7	3.97	30.3
8	9.28	22.27
9	11.03	20.17
10	15.55	20.8
11	14.41	15.86
12	15.48	14.59
13	18.06	15.23
14	18.21	14.02
15	19.62	12.96
16	16.88	11.22
18	27.18	11.12
20	30.51	10.46
22	33.09	8.84

① 指数式产能方程。

将测试数据进行整理，并作图进行拟合，如图3.26所示。

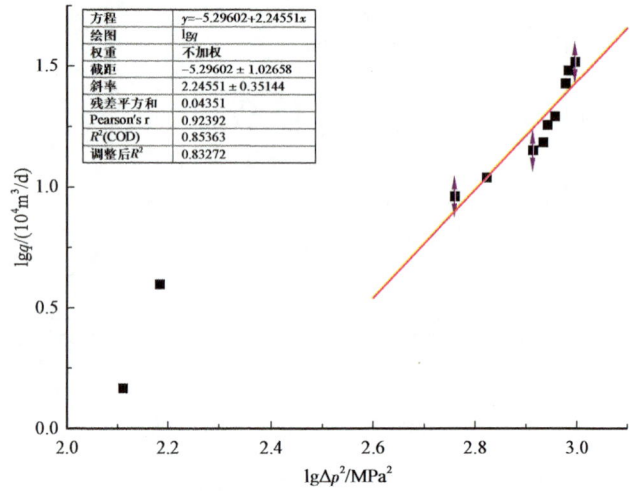

图3.26 指数式产能方程曲线

产能方程：$q=5\times10^{-6}(p_R^2-p_{wf}^2)^{2.24}$。

无阻流量：$q_{AOF}=30.63\times10^4 m^3/d$。

② 直线式产能方程。

将测试数据进行整理，并作图进行拟合，如图3.27所示。

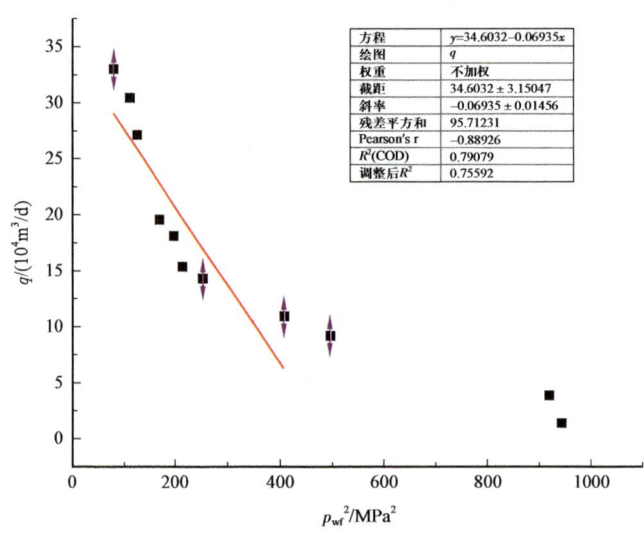

图3.27 直线式产能方程曲线

产能方程：$p_R^2-p_{wf}^2=14.49q$。

无阻流量：$q_{AOF}=34.6\times10^4 m^3/d$。

③ 三项式产能方程。

将测试数据进行整理，并作图进行拟合，如图 3.28 所示。

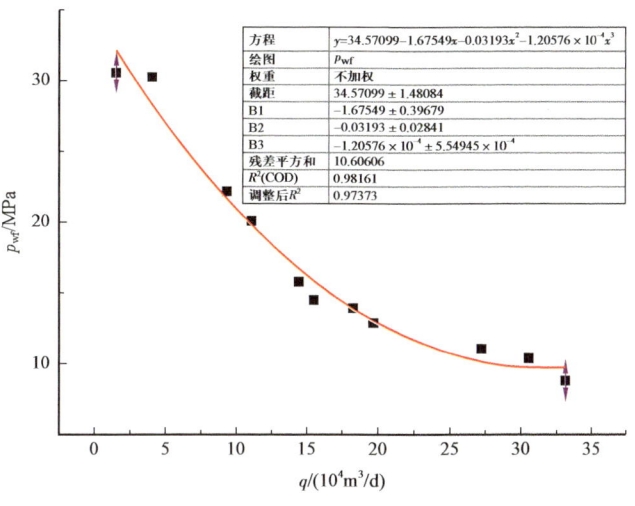

图 3.28　三项式产能方程曲线

产能方程：$p_R-p_{wf}=1.6577q-0.0319q^2+0.001q^3$。

无阻流量：$q_{AOF}=259.6\times10^4 m^3/d$。

通过对三种方法下的无阻流量进行对比，三项式方程得到的无阻流量与生产动态不符，则该井无阻流量选择为指数式与直线式获得 q_{AOF} 的平均值，即 $q_{AOF}=32.62\times10^4 m^3/d$。

3.3.1.2　ZA23 平台

（1）二项式产能方程的不适用。

通过对 ZA23 平台的各井进行分析，发现对于该区的异常高压的情况，当采用二项式产能方程进行分析时会出现负斜率或无规律的异常曲线，部分示例图如图 3.29、图 3.30 所示，从而导致二项式产能方程无法求根，无法获得无阻流量，因而二项式产能方程在此不适用。

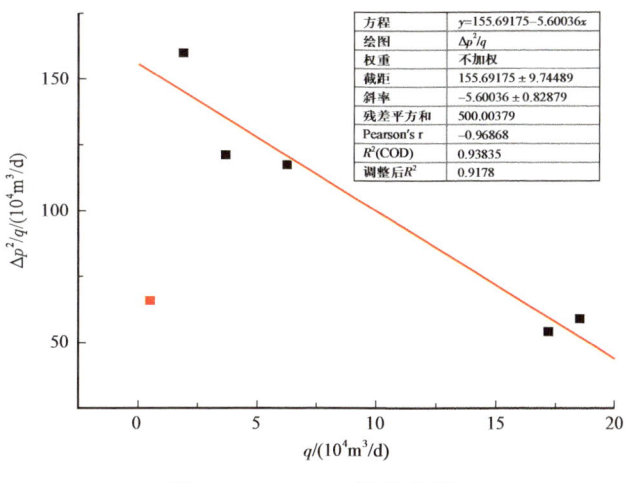

图 3.29　ZA23-1 异常曲线

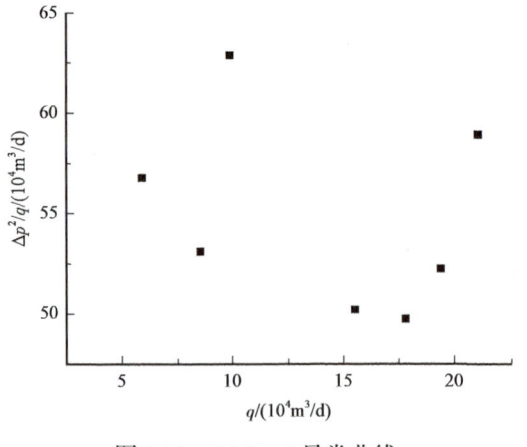

图 3.30　ZA23-4 异常曲线

因此对于 ZA23 平台的所有井，拟采用指数式、直线式、三项式产能方程对其进行分析。

（2）ZA23-1 井。

不同工作制度下产气量与井底压力统计表，见表 3.11。

① 指数式产能方程。

将测试数据进行整理，并作图进行拟合，如图 3.31 所示。

产能方程：$q=6.46\times10^{-5}(p_R^2-p_{wf}^2)^{1.79}$。

无阻流量：$q_{AOF}=30.83\times10^4 \text{m}^3/\text{d}$。

表 3.11　ZA23-1 井产气量与井底压力统计表

制度/mm	$q_{sc}/(10^4\text{m}^3/\text{d})$	p_{wf}/MPa
9	1.8654	34.48
11	3.631612	32.35
14	6.2285	27.44
12	17.16526	23.55
16	18.4699	19.82

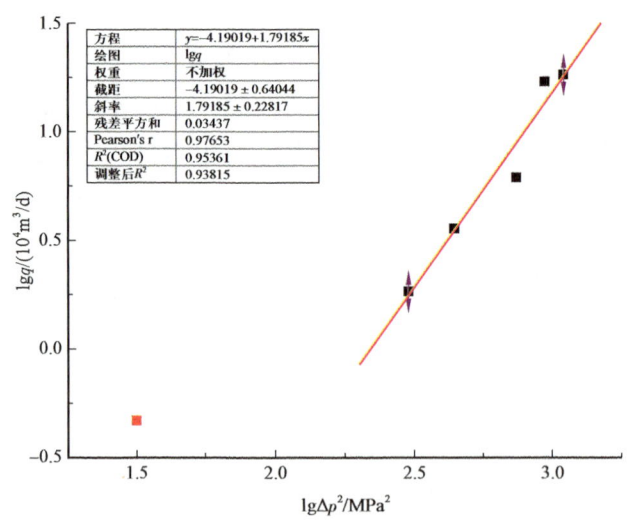

图 3.31　指数式产能方程曲线

② 直线式产能方程。

将测试数据进行整理，并作图进行拟合，如图 3.32 所示。

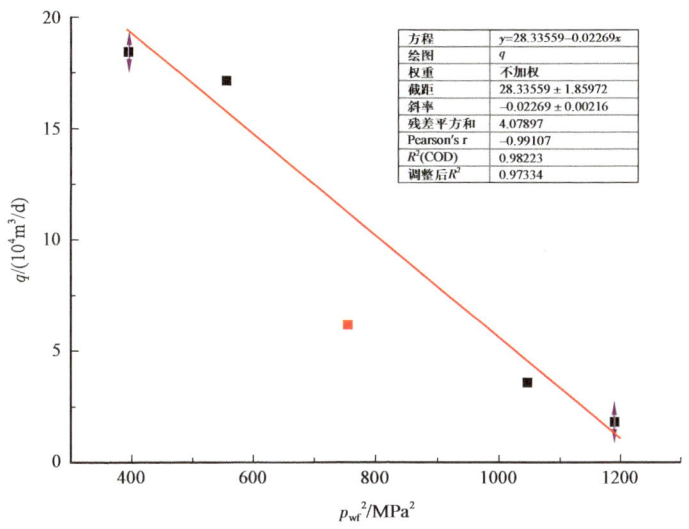

图 3.32 直线式产能方程曲线

产能方程：$p_R^2 - p_{wf}^2 = 43.47q$。

无阻流量：$q_{AOF} = 28.33 \times 10^4 \text{m}^3/\text{d}$。

③ 三项式产能方程。

将测试数据进行整理，并作图进行拟合，如图 3.33 所示。

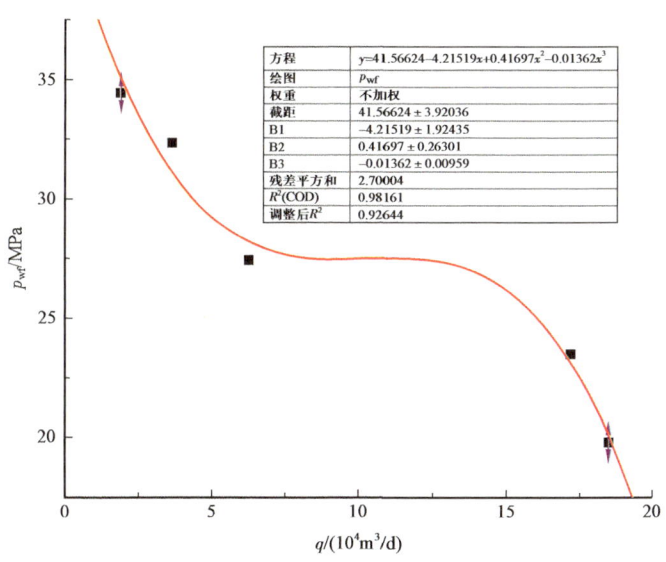

图 3.33 三项式产能方程曲线

产能方程：$p_R - p_{wf} = 4.2152q - 0.417q^2 + 0.0136q^3$。

无阻流量：$q_{AOF} = 22.95 \times 10^4 \text{m}^3/\text{d}$。

通过对三种方法下的无阻流量进行对比，发现各方法下的无阻流量比较接近，则该井无阻流量选择为各方法获得的 q_{AOF} 的平均值，即 $q_{AOF} = 27.37 \times 10^4 \text{m}^3/\text{d}$。

（3）ZA23-2 井。

不同工作制度下产气量与井底压力统计表，见表 3.12。

表 3.12　ZA23-2 井产气量与井底压力统计表

制度 /mm	$q_{sc}/(10^4 m^3/d)$	p_{wf}/MPa
10	0.2758	37.13
12	0.5172	34.53
13	1.4425	31.97
14	10.1837	30.34
15	10.6642	27.15
18	21.3273	18.21

① 指数式产能方程。

将测试数据进行整理，并作图进行拟合，如图 3.34 所示。

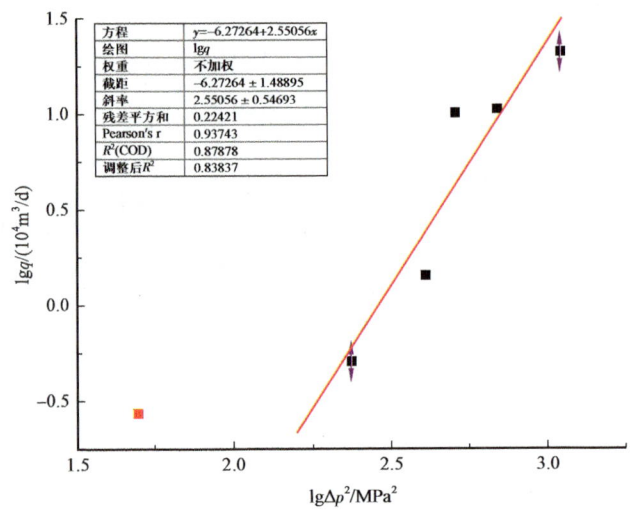

图 3.34　指数式产能方程曲线

产能方程：$q=5.37\times10^{-7}(p_R^2-p_{wf}^2)^{2.55}$。

无阻流量：$q_{AOF}=59.51\times10^4 m^3/d$。

② 直线式产能方程。

将测试数据进行整理，并作图进行拟合，如图 3.35 所示。

产能方程：$p_R^2-p_{wf}^2=46.3q$。

无阻流量：$q_{AOF}=24.47\times10^4 m^3/d$。

③ 三项式产能方程。

将测试数据进行整理，并作图进行拟合，如图 3.36 所示。

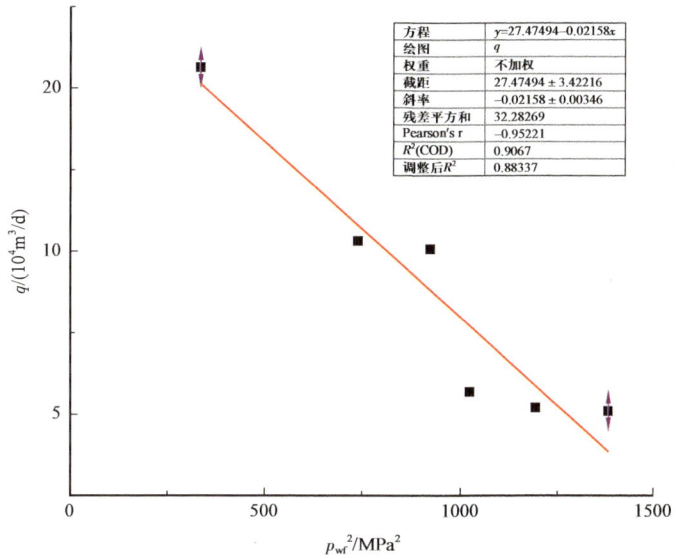

图 3.35 直线式产能方程曲线

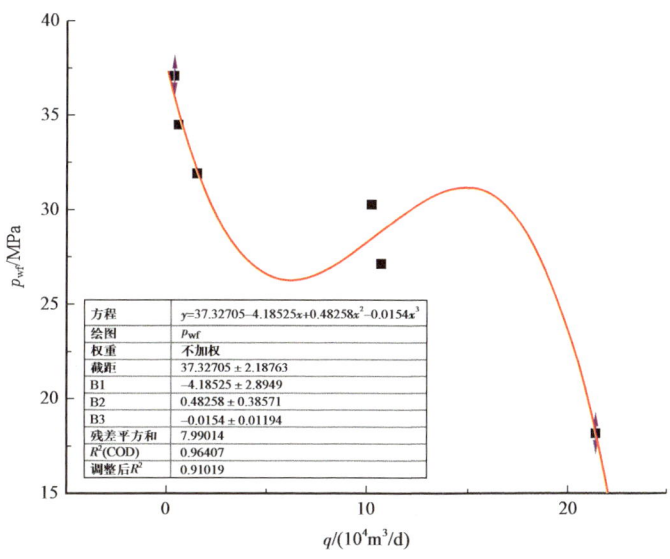

图 3.36 三项式产能方程曲线

产能方程：$p_R-p_{wf}=4.1853q-0.4826q^2+0.0154q^3$。

无阻流量：$q_{AOF}=24.24×10^4m^3/d$。

通过对三种方法下的无阻流量进行对比，发现直线式与三项式的无阻流量较为接近，则该井无阻流量选择为直线式与三项式获得的 q_{AOF} 的平均值，即 $q_{AOF}=24.36×10^4m^3/d$。

（4）ZA23-3 井。

不同工作制度下产气量与井底压力统计表，见表 3.13。

表3.13 ZA23-3井产气量与井底压力统计表

制度/mm	q_{sc}/(10^4m^3/d)	p_{wf}/MPa
9	0.2791	37.63
10	0.3516	36.59
12	2.8262	33.15
13	3.265	31.89
14	4.7626	30.74
15	5.6734	29.87
16	6.1046	25.76

① 指数式产能方程。

将测试数据进行整理，并作图进行拟合，如图3.37所示。

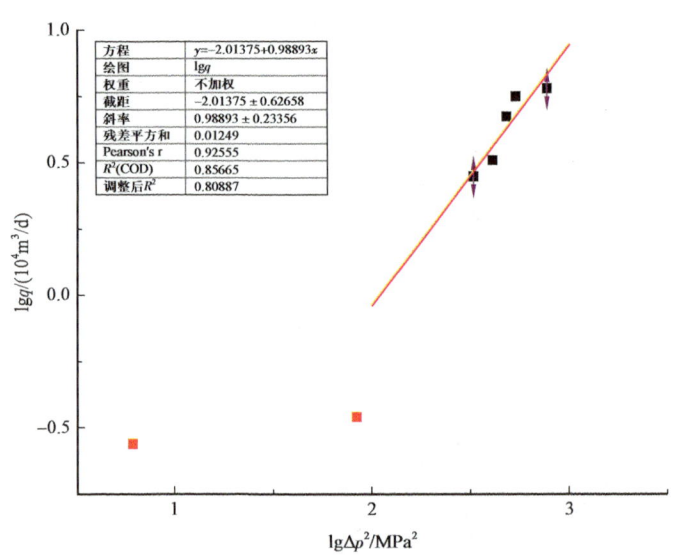

图3.37 指数式产能方程曲线

产能方程：$q=0.0098(p_R^2-p_{wf}^2)^{0.99}$。

无阻流量：$q_{AOF}=12.96\times10^4 \text{m}^3/\text{d}$。

② 直线式产能方程。

将测试数据进行整理，并作图进行拟合，如图3.38所示。

产能方程：$p_R^2-p_{wf}^2=86.96q$。

无阻流量：$q_{AOF}=15.52\times10^4 \text{m}^3/\text{d}$。

③ 三项式产能方程。

将测试数据进行整理，并作图进行拟合，如图3.39所示。

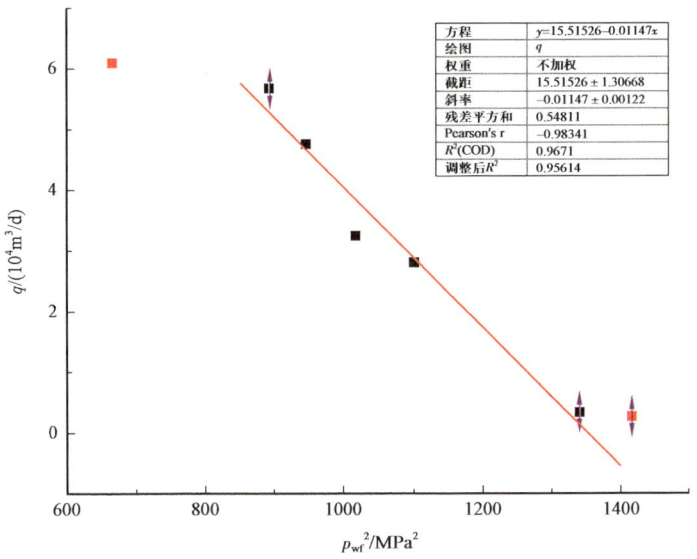

图 3.38 直线式产能方程曲线

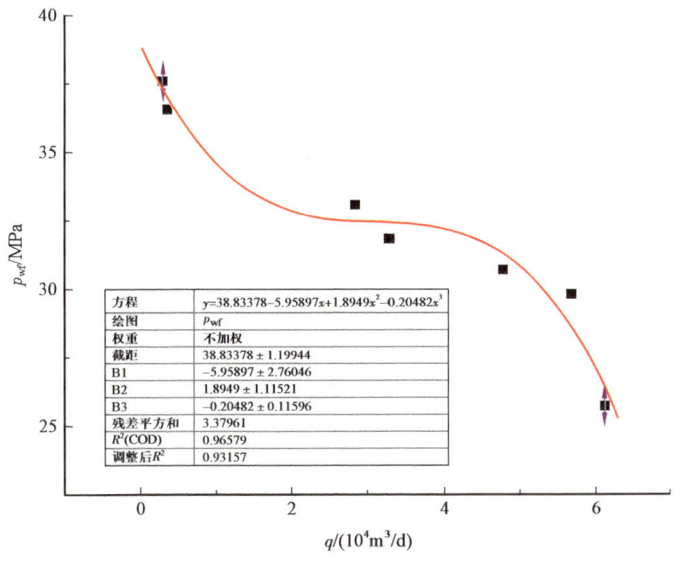

图 3.39 三项式产能方程曲线

产能方程：$p_R-p_{wf}=5.959q-1.8949q^2+0.2048q^3$。

无阻流量：$q_{AOF}=8.46\times10^4 m^3/d$。

通过对三种方法下的无阻流量进行对比，发现各方法下的无阻流量比较接近，则该井无阻流量选择为各方法获得的 q_{AOF} 的平均值，即 $q_{AOF}=12.31\times10^4 m^3/d$。

（5）ZA23-4 井。

不同工作制度下产气量与井底压力统计表，见表 3.14。

表 3.14　ZA23-4 井产气量与井底压力统计表

制度 /mm	$q_{sc}/(10^4 m^3/d)$	p_{wf}/MPa
9	5.8565	36.15
10	8.5038	34.46
11	9.868	31.92
12	15.4932	29.34
13	17.7796	27.47
14	19.3739	25.02
15	20.9942	20.04

① 指数式产能方程。

将测试数据进行整理,并作图进行拟合,如图 3.40 所示。

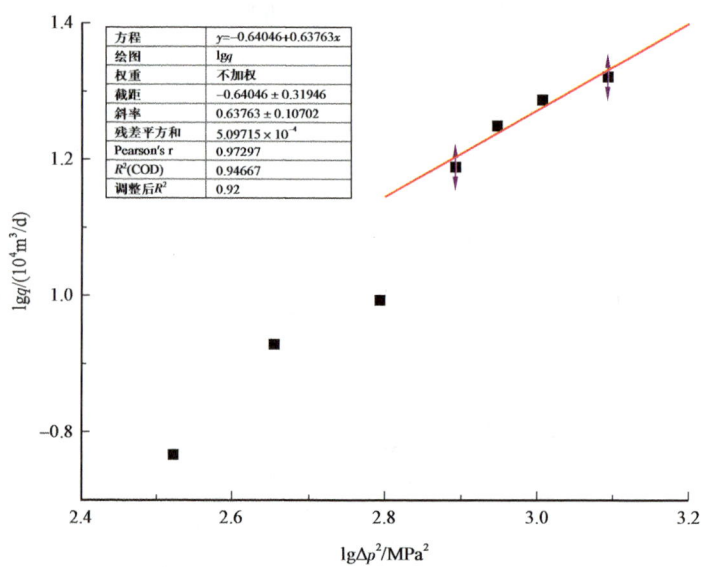

图 3.40　指数式产能方程曲线

产能方程:$q=0.229(p_R^2-p_{wf}^2)^{0.6405}$。

无阻流量:$q_{AOF}=26.14\times10^4 m^3/d$。

② 直线式产能方程。

将测试数据进行整理,并作图进行拟合,如图 3.41 所示。

产能方程:$p_R^2-p_{wf}^2=49.02q$。

无阻流量:$q_{AOF}=32.73\times10^4 m^3/d$。

③ 三项式产能方程。

将测试数据进行整理,并作图进行拟合,如图 3.42 所示。

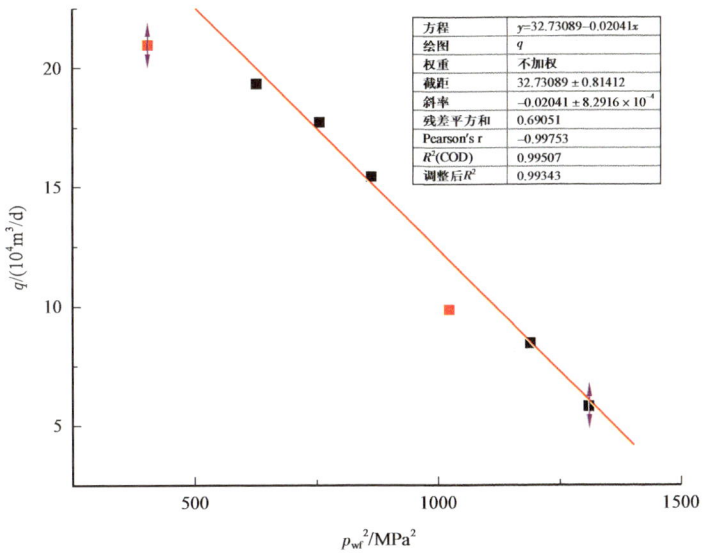

图 3.41 直线式产能方程曲线

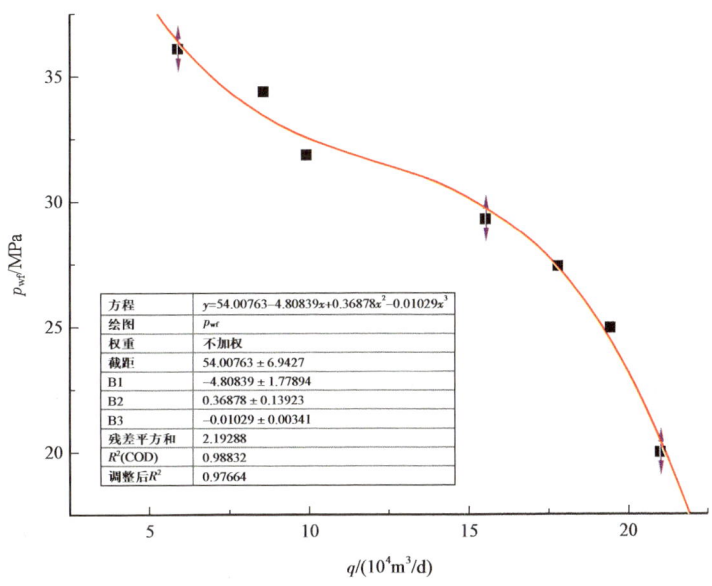

图 3.42 三项式产能方程曲线

产能方程：$p_R - p_{wf} = 4.8084q - 0.3688q^2 + 0.0103q^3$。

无阻流量：$q_{AOF} = 25.55 \times 10^4 m^3/d$。

通过对三种方法下的无阻流量进行对比，发现各方法下的无阻流量比较接近，则该井无阻流量选择为各方法获得的 q_{AOF} 的平均值，即 $q_{AOF} = 25.85 \times 10^4 m^3/d$。

3.3.1.3　ZC1-1井

不同工作制度下产气量与井底压力统计表，见表3.15。

表3.15　ZC1-1井产气量与井底压力统计表

制度/mm	q_{sc}/(10^4m^3/d)	p_{wf}/MPa
4	0.3832	12.8532
5	0.5402	12.5547
6	0.6318	12.4323
7	0.8291	11.8193
8	0.9842	11.2613
9	1.431	9.8513
10	1.8136	9.2431
11	2.2892	8.8212
12	2.8093	8.3189
13	3.5868	7.4877
14	4.3982	6.8647
15	4.9604	6.3099
16	5.6221	5.6076
17	5.9373	5.2856

（1）二项式产能方程的不适用。

通过对ZC1-1井进行分析，发现当采用二项式产能方程进行分析时会出现负斜率的异常曲线（图3.43），从而导致二项式产能方程无法求根，无法获得无阻流量，因而二项式产能方程在此不适用。

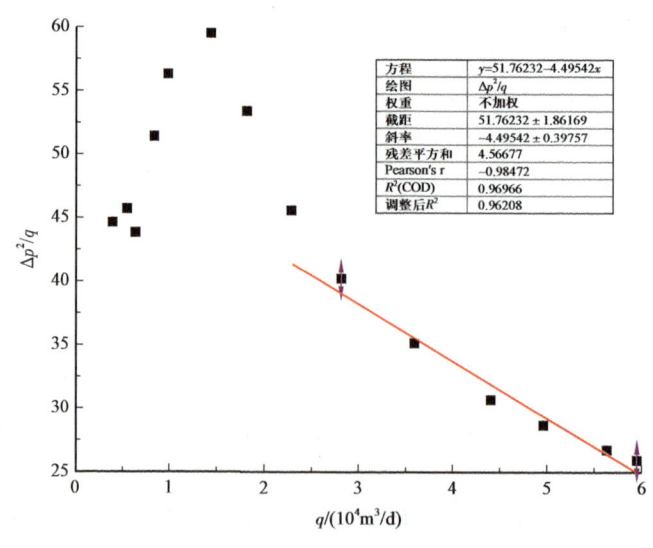

图3.43　ZC1-1井异常曲线

因此对于 ZC1-1 井，拟采用指数式、直线式、三项式产能方程对其进行分析。

（2）指数式产能方程。

将测试数据进行整理，并作图进行拟合，如图 3.44 所示。

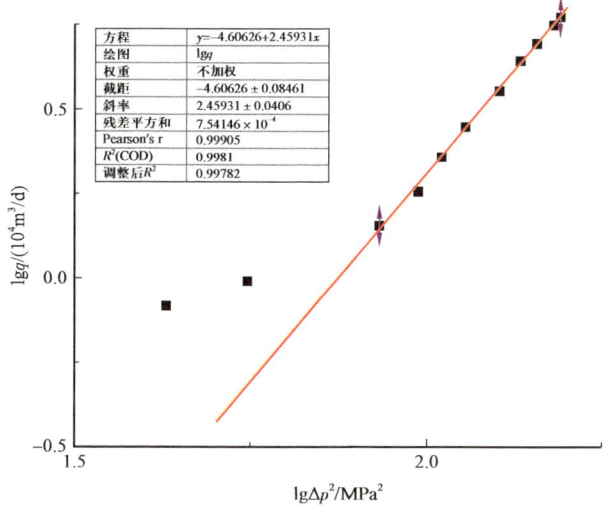

图 3.44　指数式产能方程曲线

产能方程：$q=2.5\times10^{-5}(p_R^2-p_{wf}^2)^{2.457}$。

无阻流量：$q_{AOF}=8.9\times10^4 \text{m}^3/\text{d}$。

（3）直线式产能方程。

将测试数据进行整理，并作图进行拟合，如图 3.45 所示。

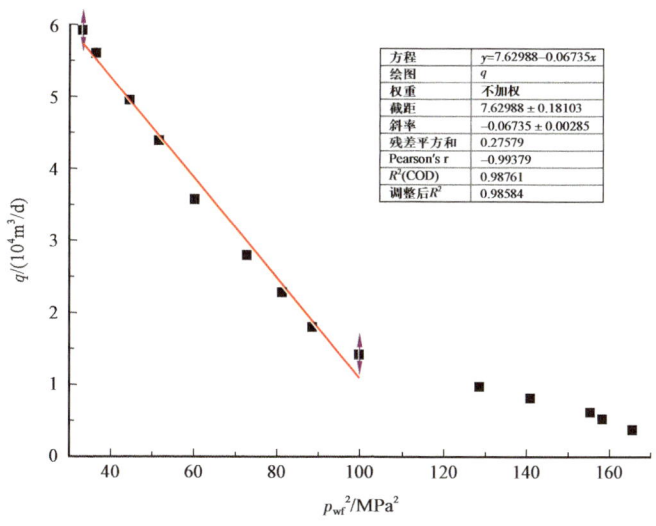

图 3.45　直线式产能方程曲线

产能方程：$p_R^2-p_{wf}^2=12.1359q$。

无阻流量：$q_{AOF}=8.2361\times10^4 \text{m}^3/\text{d}$。

（4）三项式产能方程。

将测试数据进行整理，并作图进行拟合，如图3.46所示。

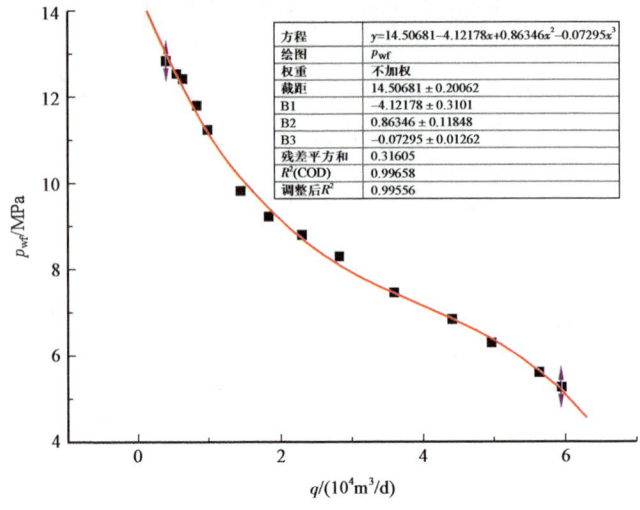

图3.46　三项式产能方程曲线

产能方程：$p_R - p_{wf} = 4.1218q - 0.8635q^2 + 0.073q^3$。

无阻流量：$q_{AOF} = 7.84 \times 10^4 \text{m}^3/\text{d}$。

通过对三种方法下的无阻流量进行对比，发现各方法下的无阻流量比较接近，则该井无阻流量选择为各方法获得的q_{AOF}的平均值，即$q_{AOF} = 8.32 \times 10^4 \text{m}^3/\text{d}$。

3.3.1.4　ZC108H1-1井

产量与流压数据整理，见表3.16。

表3.16　ZC108H1-1井产量与流压数据整理

$q_{sc}/(10^4\text{m}^3/\text{d})$	p_{wf}/MPa
17.46	1.35
13.16	2.153
10.36	2.63
9.35	2.98

（1）二项式产能方程。

将表格数据进行整理，绘制出图形，如图3.47所示。

产能方程：$p_R^2 - p_{wf}^2 = 120.2597q + 7.0129q^2$。

无阻流量：$q_{AOF} = 3.4646 \times 10^4 \text{m}^3/\text{d}$。

（2）指数式产能方程。

将表格数据进行整理，绘制出图形，如图3.48所示。

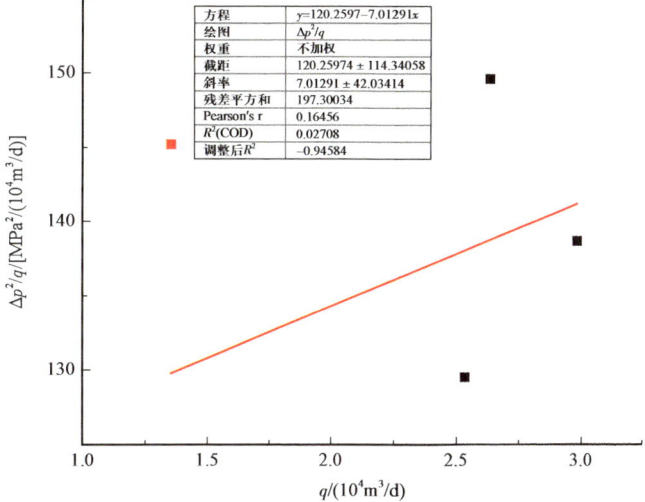

图 3.47 二项式产能方程曲线

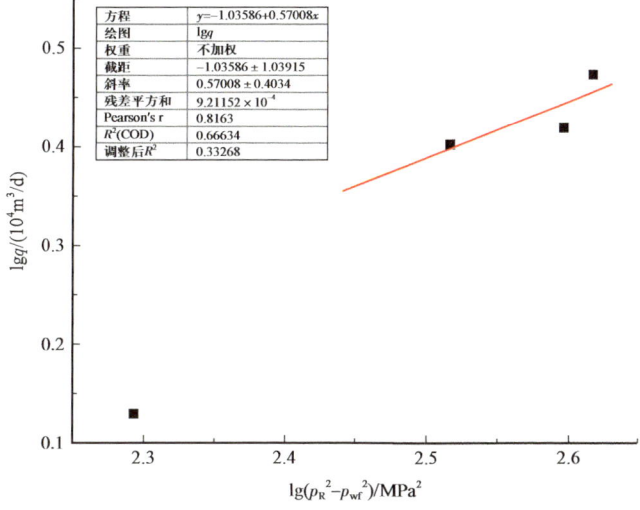

图 3.48 指数式产能方程曲线

产能方程：$q=0.0921(p_R^2-p_{wf}^2)^{0.57}$。

无阻流量：$q_{AOF}=3.1848\times10^4 m^3/d$。

（3）直线式产能方程。

将表格数据进行整理，绘制出图形，如图 3.49 所示。

产能方程：$p_R^2-p_{wf}^2=232.558q$。

无阻流量：$q_{AOF}=3.2424\times10^4 m^3/d$。

通过对三种方法下的无阻流量进行对比，发现各方法下的无阻流量比较接近，则该井无阻流量选择为各方法获得的 q_{AOF} 的平均值，即 $q_{AOF}=3.297\times10^4 m^3/d$。

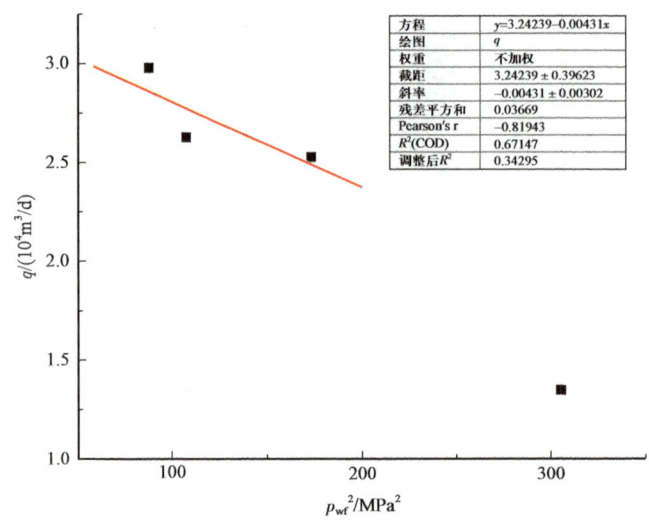

图 3.49　直线式产能方程曲线

3.3.1.5　ZB4-5 井

不同工作制度下产气量与井底压力统计表，见表 3.17。

表 3.17　ZB4-5 井产气量与井底压力统计表

制度 /mm	$q_{sc}/(10^4 m^3/d)$	p_{wf}/MPa
5	4.7	28.14
6	5.84	26.062
7	7.37	24.01
8	9.23	22.958
9	9.55	20.847
10	9.97	18.146

（1）二项式产能方程。

将测试数据进行整理，并作图进行拟合，如图 3.50 所示。

产能方程：$p_R^2 - p_{wf}^2 = -53.21q + 12.78q^2$。

无阻流量：$q_{AOF} = 11.62 \times 10^4 m^3/d$。

（2）指数式产能方程。

将测试数据进行整理，并作图进行拟合，如图 3.51 所示。

产能方程：$q = 1.09(p_R^2 - p_{wf}^2)^{0.334}$。

无阻流量：$q_{AOF} = 11.33 \times 10^4 m^3/d$。

（3）直线式产能方程。

将测试数据进行整理，并作图进行拟合，如图 3.52 所示。

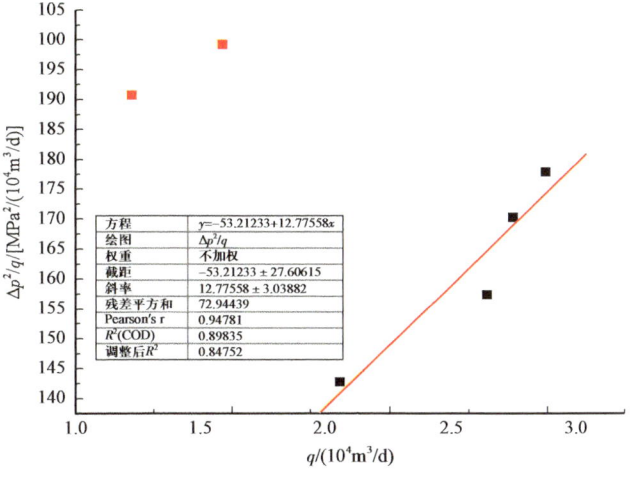

图 3.50　二项式产能方程曲线

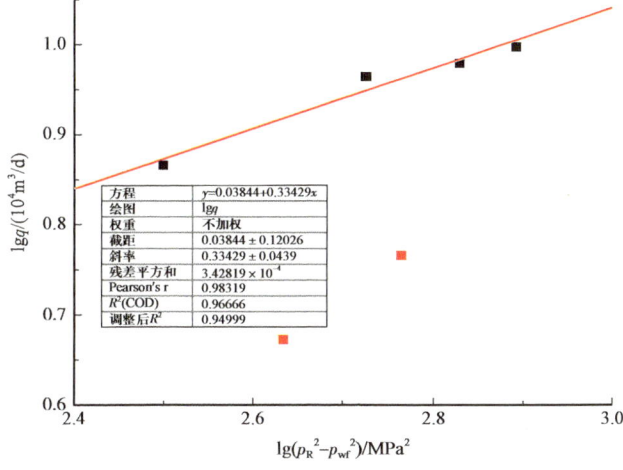

图 3.51　指数式产能方程曲线

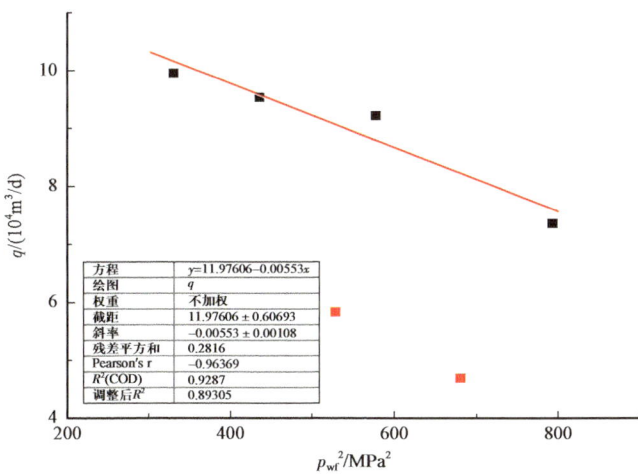

图 3.52　直线式产能方程曲线

产能方程：$p_R^2 - p_{wf}^2 = 180.83q$。

无阻流量：$q_{AOF} = 11.976 \times 10^4 \text{m}^3/\text{d}$。

通过对三种方法下的无阻流量进行对比，发现各方法下的无阻流量比较接近，则该井无阻流量选择为各方法获得的 q_{AOF} 的平均值，即 $q_{AOF} = 11.64 \times 10^4 \text{m}^3/\text{d}$。

3.3.1.6 ZB1-1井

不同工作制度下产气量与井底压力统计表，见表3.18。

表3.18 ZB1-1井产气量与井底压力统计表

制度/mm	$q_{sc}/(10^4 \text{m}^3/\text{d})$	p_{wf}/MPa
初关井	0	26.88
一开	4.9984	23.41
关井	0	26.69
二开	6.9879	22.93
关井	0	26.55
三开	8.8113	21.32
关井	0	26.34
四开	11.6496	19.57
五开	7.0993	20.12

（1）二项式产能方程。

将测试数据进行整理，并作图进行拟合，如图3.53所示。

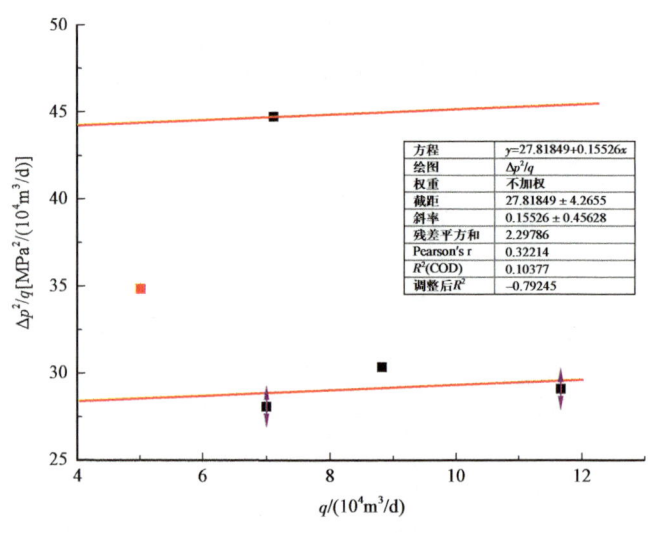

图3.53 二项式产能方程曲线

产能方程：$p_R^2-p_{wf}^2=43.65q+0.155q^2$。

无阻流量：$q_{AOF}=15.68\times10^4\text{m}^3/\text{d}$。

（2）指数式产能方程。

将测试数据进行整理，并作图进行拟合，如图 3.54 所示。

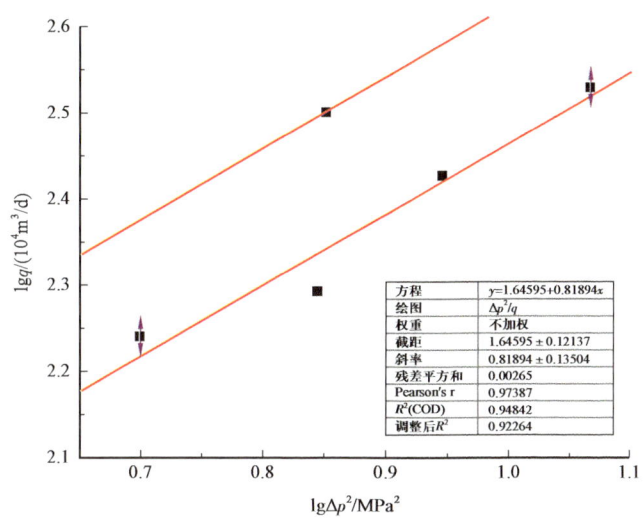

图 3.54　指数式产能方程曲线

产能方程：$q=0.0063(p_R^2-p_{wf}^2)^{1.2212}$。

无阻流量：$q_{AOF}=19.524\times10^4\text{m}^3/\text{d}$。

通过对两种方法下的无阻流量进行对比，发现各方法下的无阻流量比较接近，则该井无阻流量选择为各方法获得的 q_{AOF} 的平均值，即 $q_{AOF}=17.60\times10^4\text{m}^3/\text{d}$。

3.3.2　产能评价结果

根据现场产能试井资料，对其中 15 口井进行了产能评价分析，获得了各井的无阻流量，其结果见 3.19。

表 3.19　研究区 15 口井产能评价结果统计表　　　　单位：$10^4\text{m}^3/\text{d}$

井号	二项式 q_{AOF}	指数式 q_{AOF}	直线式 q_{AOF}	三项式 q_{AOF}	确定 q_{AOF}
ZC1-1	—	8.9	8.23	7.84	8.32
ZC108H1-1	3.46	3.18	3.24	—	3.297
ZA24-1	—	47.97	47.22	42.6	45.93
ZA24-2	—	45.18	45.6	42.79	44.52
ZA24-3	—	57.44	54.72	53.65	55.27
ZA24-4	—	82.54	78.28	76.5	79.11

续表

井号	二项式 q_{AOF}	指数式 q_{AOF}	直线式 q_{AOF}	三项式 q_{AOF}	确定 q_{AOF}
ZA24-5	—	85.13	61.03	50.58	55.81
ZA24-7	—	71.82	64.4	—	64.4
ZA24-9	—	30.63	34.6	—	32.62
ZA23-1	—	30.83	28.33	22.95	27.37
ZA23-2	—	59.51	24.47	24.24	24.36
ZA23-3	—	12.96	15.52	8.46	12.31
ZA23-4	—	26.14	32.73	25.55	25.85
ZB4-5	11.62	11.33	11.98	—	11.64
ZB1-1	15.68	19.52	—	—	17.60

对上述结果进行分析，得到以下几点结论。

（1）对于ZA23平台和ZA24平台，二项式产能方法由于曲线异常或者数据点无规律等原因使得该方法不适用。而指数式产能方程属于经验方程，直线式产能方程不能表达非达西流动的情况。考虑到昭通地区微裂缝发育，通过实验研究得知该区储层具有强烈的应力敏感效应，因此从理论上推导了考虑应力敏感的三项式产能方程，补充了其他方法的一些不足。通过对无阻流量的对比发现，三项式方程所求解的无阻流量与其他方程求解的无阻流量有着一定的联系，因此，可以认为该三项式产能方程是合理的。

（2）对于二项式方程适用的井，则不需要再求三项式方程。

（3）无阻流量的确定不能简单考虑为各种方法的均值无阻流量，而需要对多种评价方法进行综合分析，考虑各方法的适用情况、准确性及数据分布等因素，从而综合评价。

（4）表3.19中部分井存在二项式产能方程与三项式产能方程均不适用的情况，分析认为是三项式产能方程在推导过程中简化条件所致，导致求解的无阻流量异常。

3.3.3 气井产能评价应用效果

利用上述方法获得了本区气井产能，为了充分发挥气井产能，根据页岩气井合理配产的方法（表3.20），对本区气井进行了配产，配产结果见表3.21。

表3.20 气田无阻流量与合理产量系数关系表（经验配产法） 单位：$10^4 m^3/d$

无阻流量	$q_{AOF}<10$	$10 \leq q_{AOF}<20$	$20 \leq q_{AOF}<30$	$30 \leq q_{AOF}<50$	$50 \leq q_{AOF}<80$	$80 \leq q_{AOF}<120$	$120<q_{AOF}$
配产系数	1/2	1/2～1/3	1/3～1/4	1/4～1/5	1/5～1/6	1/7～1/8	1/8

表 3.21　研究区 15 口井产能评价结果统计表　　　　单位：$10^4 m^3/d$

井号	无阻流量	配产气量	井号	无阻流量	配产气量	井号	无阻流量	配产气量
ZC1-1	8.32	4.16	ZA24-4	79.11	9.89～11.3	ZA23-2	24.36	6.09～8.12
ZC108H1-1	3.297	1.649	ZA24-5	55.81	9.3～11.16	ZA23-3	12.31	4.1～6.16
ZA24-1	45.93	9.19～11.48	ZA24-7	64.4	10.73～12.88	ZA23-4	25.85	6.46～8.62
ZA24-2	44.52	8.9～11.13	ZA24-9	32.62	6.52～8.16	ZB4-5	14.55	3.88～5.82
ZA24-3	55.27	9.21～11.05	ZA23-1	27.37	6.84～9.12	ZB1-1	17.6	5.87～8.8

根据上述配产结果指导现场气井生产，结合生产动态数据，对其应用效果进行了分析。以 ZC1-1 井为例，该井的无阻流量为 $8.32×10^4 m^3/d$ 左右，按照无阻流量的 1/3～1/5 进行配产，认为气井产量在 $(1.66～2.77)×10^4 m^3/d$ 进行生产较为合适。返排试气期间以及试采期间的产量情况如图 3.55 至图 3.57 所示。

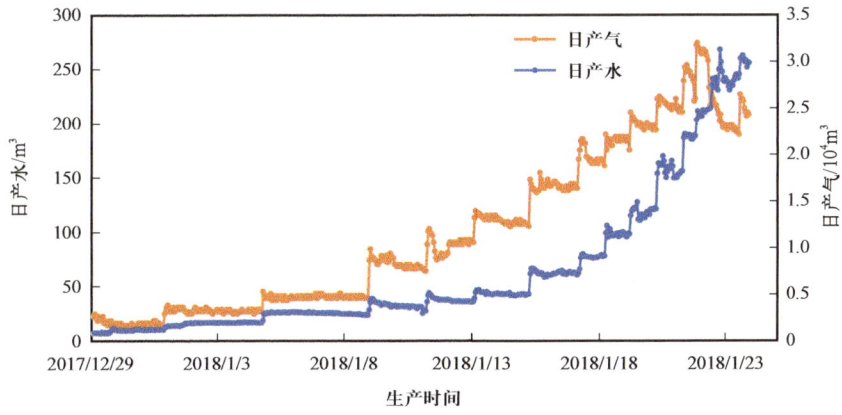

图 3.55　ZC1-1 井返排试气期不同配产制度下产量变化曲线

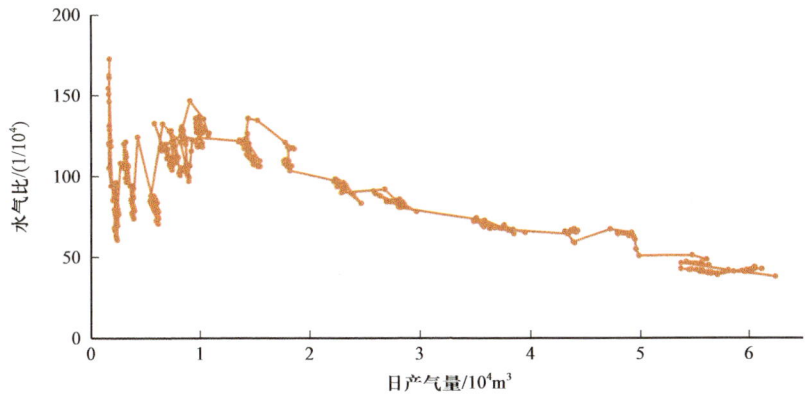

图 3.56　ZC1-1 井返排试气期不同配产制度下气水比变化曲线图

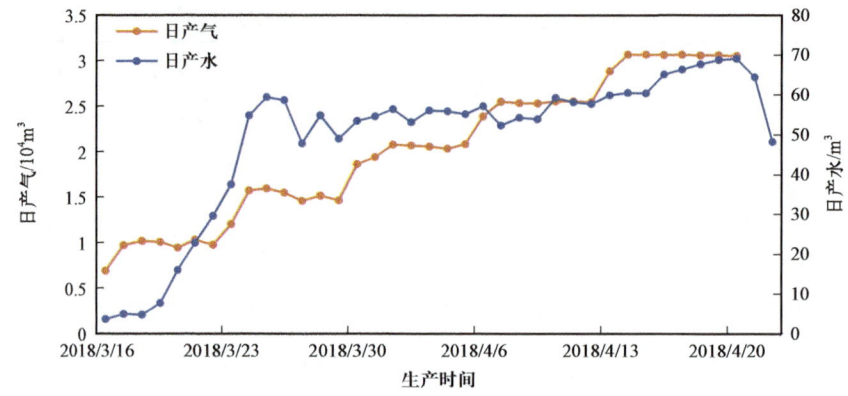

图 3.57　ZC1-1 井试采期不同配产制度下产量变化曲线

无论从返排试气期间还是试采期间的产量变化曲线来看，产水量随产气量的增大而增大。但从不同配产制度下水气比的变化曲线来看，水气比随配产的增加而减小。说明增大配产，有利于将井底积液携带出来，充分发挥气井产能。

分析各井返排试气期不同生产制度下日产气、日产水及水气比的变化情况，采用经验法对各气井进行配产，气井在生产过程中水气比随着产量的增大而降低，说明增大配产，有利于将井底积液携带出来，充分发挥气井产能。通过对各井实际生产数据进行对比发现，采用该经验配产系数表所得的产量与气井实际生产数据基本吻合，表明此配产结果较为合理，验证了该配产的合理性。

通过跟踪评价了 15 口井，有 14 口井的实际生产情况与产能试井评价结果一致性较好，有效率达到 93%。

3.4　页岩气水平井动态配产方法

在页岩气藏的产能评价工作中，由于吸附气、溶解气以及应力敏感等机理的存在，使得传统的产能方程在实际应用时存在偏差。本节针对昭通地区的储层特征以及流动规律，建立了基于页岩气多层分形吸附理论以及应力敏感的页岩气井产能方程，为昭通地区页岩气井生产动态评价工作提供了新的方法。

3.4.1　考虑应力敏感和表面分形维数的水平井产能方程

考虑页岩应力敏感现象，渗透率与地层压力的公式为

$$K = K_\mathrm{i} \mathrm{e}^{-\alpha_\mathrm{k}(p_\mathrm{i}-p)} \quad (3.28)$$

式中　K——考虑应力敏感的修正渗透率，mD；

K_i——气藏初始渗透率，mD；

p_i——原始地层压力，MPa；

p——气体压力，MPa；

α_k——页岩应力敏感指数，MPa^{-1}。

考虑页岩气的吸附过程符合 BET 多层分形理论，吸附气量描述为等温条件下与压力相关的函数：

$$V(w) = \frac{V_m C \sum_{i=1}^{n} i^{2-D_s} \sum_{j=i}^{n} w^j}{1 + C \sum_{i=1}^{n} w^j} \tag{3.29}$$

式中　V——气藏压力为 p 时单位岩石体积标况下页岩气吸附量，cm^3/g；

　　　V_m——单位岩石体积页岩气极限吸附量，cm^3/g；

　　　C——气体与吸附能和液化能相关的常数；

　　　D_s——吸附表面的分形维度；

　　　w——相对压力 p/p_0；

　　　p_0——饱和蒸气压，MPa。

根据 Forchheimer 方程，考虑应力敏感的气体流动压力梯度可以表示为

$$\frac{dp}{dx} = \frac{\mu_g}{K_i e^{-\alpha_k(p_i-p)}} v + \beta \rho v^2 \tag{3.30}$$

式中　x——垂直于水平井井筒压力下降方向，m；

　　　μ_g——天然气黏度，$mPa \cdot s$；

　　　v——气体速度，m/s；

　　　β——表征孔隙紊流影响的系数，m^{-1}。

总的压力梯度（dp/dx）由两部分组成，式（3.30）右端的第一项代表达西流动部分，第二项代表非达西流动部分。p_1 表示第一部分的压降，p_2 表示第二部分的压降，则

$$dp_1 = \frac{\mu_g}{K_i e^{-\alpha_k(p_i-p)}} v dx \tag{3.31}$$

$$dp_2 = \beta \rho v^2 dx \tag{3.32}$$

现对式（3.31）中的 dp_1 进行求解。结合理想气体状态方程，考虑岩石应力敏感的流经 x 处页岩气体积流量为

$$q_{xsc} = -\frac{KA_1}{\mu_g} \cdot \frac{Z_{sc} T_{sc} p}{q_{sc} p_{sc} ZT} \cdot \frac{dp_1}{dx} \tag{3.33}$$

式中　q_{xsc}——流经 x 处地面气体流量，m^3；

　　　N——缝宽，m；

　　　H——缝高，m；

n——裂缝条数;

Z——压力 p 下气体偏差系数;

Z_{sc}——标况下气体偏差系数;

p_{sc}——标况下气体压力,MPa;

T——压力 p 下气体温度,K;

T_{sc}——标况下气体温度,K。

同时根据质量守恒,任意 x 处 q_{xsc} 与地面流量 q_{sc} 的关系为:

$$q_{xsc} = \frac{-2C_g L_p \phi \frac{dp_1}{dt}(L-x) - V'(\overline{p})\frac{dp_1}{dt} \times 2L_p(L-x)(1-\phi)H}{-2C_g L_p \phi \frac{dp_1}{dt}L - V'(\overline{p_{x-L}})\frac{dp_1}{dt} \times 2L_p L(1-\phi)H} q_{sc} \tag{3.34}$$

式中 C_g——天然气压缩系数,MPa^{-1};

L_p——水平井射孔长度,m;

ϕ——页岩气藏孔隙度;

L——裂缝半缝长,m;

H——裂缝缝高,m;

q_{sc}——井筒到边界的地面体积流量,m^3。

联立式(3.33)和式(3.34),分离变量 x 和 p 可得

$$\frac{KL_p H}{\mu_g} \frac{Z_{sc} T_{sc}}{p_{sc} ZT}\left[C_g \phi + V'(\overline{p})(1-\phi)\right] p dp_1 = \frac{L-x}{L}\left[C_g \phi + V'(\overline{p_{x-L}})(1-\phi)\right] q_{sc} dx \tag{3.35}$$

对式(3.35)左边由 p_{wf} 积分到 p,右边由 0 积分到 L,可得

$$\int_{p_{wf}}^{p}\frac{KL_p H}{\mu_g} \frac{Z_{sc} T_{sc}}{p_{sc} ZT}\left[C_g \phi + V'(\overline{p})(1-\phi)\right] p dp_1 = \int_0^L \frac{L-x}{L}\left[C_g \phi + V'(\overline{p_{x-L}})(1-\phi)\right] q_{sc} dx \tag{3.36}$$

对式(3.36)左右两端同时除以 $\dfrac{C_g \phi KL_p HZ_{sc} T_{sc}}{p_{sc} T}$,可得

$$\int_{p_{wf}}^{p} \frac{p}{\mu Z} dp + \int_{p_{wf}}^{p} \frac{V'(\overline{p})(1-\phi)}{C_g \phi} dp = \frac{p_{sc} T}{C_g \phi KL_p HZ_{sc} T_{sc} L}\int_0^L (L-x)\left[C_g \phi + V'(\overline{p_{x-L}})(1-\phi)\right] dx q_{sc} \tag{3.37}$$

考虑式(3.28)描述的应力敏感现象,可得

$$2\int_{p_{wf}}^{p} \frac{p e^{-\alpha_k(p_i-p)}}{\mu Z} dp + 2\int_{p_{wf}}^{p} \frac{V'(\overline{p})(1-\phi)e^{-\alpha_k(p_i-p)}}{C_g \phi} dp =$$
$$2\frac{p_{sc} T}{C_g \phi K_i L_p HZ_{sc} T_{sc} L}\int_0^L (L-x)\left[C_g \phi + V'(\overline{p_{x-L}})(1-\phi)\right] dx q_{sc} \tag{3.38}$$

令 $\Delta\varphi_1 = 2\int_{p_{wf}}^{p} \dfrac{p e^{-\alpha_k(p_i-p)}}{\mu Z} dp$，$\Delta\varphi_2 = 2\int_{p_{wf}}^{p} \dfrac{V'(\overline{p})(1-\phi)e^{-\alpha_k(p_i-p)}}{C_g \phi} dp$，其中，产能方程中的产量一次项的系数 A 表达式为

$$A = \dfrac{2Tp_{sc}}{C_g \phi K_i L_p H Z_{sc} T_{sc} L} \int_0^L \dfrac{C_g \phi(L-x) + V'(w)(L-x)(1-\phi)H}{C_g \phi L + V'(w)L(1-\phi)H} dx \tag{3.39}$$

对第二项所代表非达西流动部分 p_2，由式（3.32），分离变量积分可得式（3.40）。

$$2\int_{p_{wf}}^{p} \dfrac{p}{\mu Z} dp = \dfrac{2\beta M_{air} \gamma_g p_{sc}^2 T}{\mu R T_{sc}^2 L_p H^2} L q_{sc}^2 \tag{3.40}$$

令 $B = \dfrac{2\beta M_{air} \gamma_g p_{sc}^2 T}{\mu R T_{sc}^2 L_p H^2} L$，将其压力差并入到 $\Delta\varphi_1$，于是页岩气井产能方程为

$$\Delta\varphi_1 + \Delta\varphi_2 = A q_{sc} + B q_{sc}^2 \tag{3.41}$$

同时考虑水平井井周的表皮污染 S，以及引入紊流系数 D，因此 A、B 两个表达系数分别为

$$A = \dfrac{2Tp_{sc}}{C_g \phi K_i L_p H Z_{sc} T_{sc} L} \left[\int_0^L \left(\dfrac{C_g \phi(L-x) + V'(w)(L-x)(1-\phi)H}{C_g \phi L + V'(w)L(1-\phi)H} \right) dx + S \right] \tag{3.42}$$

$$B = \dfrac{2Tp_{sc}D}{C_g \phi K_i L_p H Z_{sc} T_{sc} L} \tag{3.43}$$

3.4.2 考虑页岩气吸附以及地层水溶解气的页岩气物质平衡方程

根据物质平衡原理，当地层压力为 p，页岩气井累计产气量为 G_p 时，页岩气储量 = 剩余游离气储量 + 剩余吸附气储量 + 剩余地层水溶解气储量 + 累计产气量，因此页岩气井物质平衡方程表示为

$$G = G_{frest} + G_{srest} + G_{sorest} + G_p \tag{3.44}$$

式中　G——页岩气储量，m^3；

G_{frest}——剩余游离气储量，m^3；

G_{srest}——剩余吸附气储量，m^3；

G_p——累计产气量，sm^3。

剩余游离气储量等于总游离气储量减去岩石膨胀体积和地层水膨胀体积，剩余游离气储量为

$$G_{\text{frest}} = \left\{ \frac{G_f B_{gi}}{S_{gi}} - \left[\frac{G_f B_{gi}}{S_{gi} \phi} C_f (p_i - p) \right] - \frac{G_f B_{gi}}{S_{gi}} S_{wi} C_w (p_i - p) \right\} / B_g \tag{3.45}$$

式中　G_f——游离气储量，m^3；

B_{gi}——原始地层条件下天然气体积系数，m^3/m^3；

B_g——目前地层条件下天然气体积系数，m^3/m^3；

S_{gi}——原始地层条件下含气饱和度；

S_g——目前地层条件下含气饱和度；

C_f——岩石压缩系数，MPa^{-1}；

p_i——原始地层压力，MPa；

p——目前地层压力，MPa；

S_{wi}——原始含水饱和度；

C_w——地层水压缩系数，MPa^{-1}。

地层压力 p 时，剩余岩石吸附气量表示为

$$G_{\text{srest}} = \rho_s \frac{G_f B_{gi}}{S_{gi} \phi B_g} V(w) \tag{3.46}$$

式中　ρ_s——页岩密度，t/m^3。

地层压力 p 时，剩余地层水溶解气量为

$$G_{\text{sorest}} = \frac{G_f B_{gi}}{S_{gi} B_w} S_{wi} R_s \tag{3.47}$$

式中　R_s——天然气在地层水中的溶解度，m^3/m^3；

B_w——地层水体积系数。

根据陈元千地层水相关物性参数经验公式，天然气在地层水中的溶解度 R_s 为

$$\begin{aligned} R_s = (T, M, p) &= -3.1670 \times 10^{-10} T^2 \times M + 1.997 \times 10^{-8} T \times M \\ &+ 1.0635 \times 10^{-10} p^2 \times M - 9.7764 \times 10^{-8} p \times M + 2.9745 \times 10^{-10} T \times p \times M \\ &+ 1.6230 \times 10^{-4} T^2 - 2.7879 \times 10^{-2} T - 2.0587 \times 10^{-5} p^2 \\ &+ 1.7323 \times 10^{-2} p + 9.5233 \times 10^{-6} T \times p + 1.1937 \end{aligned} \tag{3.48}$$

式中　T——温度，℃；

M——地层水矿化度，mg/L。

于是根据物质平衡原理，页岩气物质平衡方程为

$$G_{\mathrm{f}} + G_{\mathrm{s}} + G_{\mathrm{so}} = \left\{ \frac{G_{\mathrm{f}} B_{\mathrm{gi}}}{S_{\mathrm{gi}}} - \left[\frac{G_{\mathrm{f}} B_{\mathrm{gi}}}{S_{\mathrm{gi}} \phi} C_{\mathrm{f}} (p_{\mathrm{i}} - p) \right] - \frac{G_{\mathrm{f}} B_{\mathrm{gi}}}{S_{\mathrm{gi}}} S_{\mathrm{wi}} C_{\mathrm{w}} (p_{\mathrm{i}} - p) \right\} / B_{\mathrm{g}} + \rho_{\mathrm{s}} \frac{G_{\mathrm{f}} B_{\mathrm{gi}}}{S_{\mathrm{gi}} \phi} \frac{V_{\mathrm{m}} C \sum_{i=1}^{n} i^{2-D_{\mathrm{s}}} \sum_{j=i}^{n} w^{j}}{1 + C \sum_{i=1}^{n} w^{i}} + \frac{G_{\mathrm{f}} B_{\mathrm{gi}}}{S_{\mathrm{gi}} B_{\mathrm{w}}} S_{\mathrm{wi}} R_{\mathrm{s}} + G_{\mathrm{p}} \quad (3.49)$$

其中

$$G_{\mathrm{s}} = \rho_{\mathrm{s}} \frac{G_{\mathrm{f}} B_{\mathrm{gi}}}{S_{\mathrm{gi}} \phi} V(w_{\mathrm{i}})$$

$$G_{\mathrm{so}} = \frac{G_{\mathrm{f}} B_{\mathrm{gi}}}{S_{\mathrm{gi}} B_{\mathrm{wi}}} S_{\mathrm{wi}} R_{\mathrm{si}}$$

$$w_{\mathrm{i}} = \frac{p_{\mathrm{i}}}{p_{\mathrm{o}}}$$

式中　G_{s}——吸附气储量，m^3；

G_{so}——地层水溶解气储量，m^3。

于是，页岩气藏物质平衡方程为

$$G_{\mathrm{f}} + \rho_{\mathrm{s}} \frac{G_{\mathrm{f}} B_{\mathrm{gi}}}{S_{\mathrm{gi}} \phi} V(w_{\mathrm{i}}) + \frac{G_{\mathrm{f}} B_{\mathrm{gi}}}{S_{\mathrm{gi}} B_{\mathrm{wi}}} S_{\mathrm{wi}} R_{\mathrm{si}} = \left\{ \frac{G_{\mathrm{f}} B_{\mathrm{gi}}}{S_{\mathrm{gi}}} - \left[\frac{G_{\mathrm{f}} B_{\mathrm{gi}}}{S_{\mathrm{gi}} \phi} C_{\mathrm{f}} (p_{\mathrm{i}} - p) \right] - \frac{G_{\mathrm{f}} B_{\mathrm{gi}}}{S_{\mathrm{gi}}} S_{\mathrm{wi}} C_{\mathrm{w}} (p_{\mathrm{i}} - p) \right\} / B_{\mathrm{g}} + \rho_{\mathrm{s}} \frac{G_{\mathrm{f}} B_{\mathrm{gi}}}{S_{\mathrm{gi}} \phi} \frac{V_{\mathrm{m}} C \sum_{i=1}^{n} i^{2-D_{\mathrm{s}}} \sum_{j=i}^{n} w^{j}}{1 + C \sum_{i=1}^{n} w^{i}} + \frac{G_{\mathrm{f}} B_{\mathrm{gi}}}{S_{\mathrm{gi}} B_{\mathrm{w}}} S_{\mathrm{wi}} R_{\mathrm{s}} + G_{\mathrm{p}} \quad (3.50)$$

其中

$$G = G_{\mathrm{f}} + G_{\mathrm{f}} \frac{\rho_{\mathrm{s}}}{S_{\mathrm{gi}} \phi} B_{\mathrm{gi}} V(w_{\mathrm{i}}) + G_{\mathrm{f}} \frac{B_{\mathrm{gi}}}{S_{\mathrm{gi}} B_{\mathrm{wi}}} S_{\mathrm{wi}} R_{\mathrm{si}}$$

$$B_{\mathrm{g}} = \frac{p_{\mathrm{sc}}}{Z_{\mathrm{sc}} T_{\mathrm{sc}}} \frac{ZT}{p}$$

将式（3.50）变形，可得

$$\frac{p}{Z^*} = \frac{p_{\mathrm{i}}}{Z_{\mathrm{i}}^*} \left(1 - \frac{G_{\mathrm{p}}}{G} \right) \quad (3.51)$$

其中

$$Z^* = \frac{ZT}{S_{gi} - \left[C_f(p_i-p) + S_{wi}C_w(p_i-p)\right] + \frac{\rho_s}{\phi}V(w)\frac{p_{sc}ZT}{Z_{sc}T_{sc}p} + \frac{S_{wi}R_s}{B_w}} \quad (3.52)$$

$$Z_i^* = \frac{Z_iT_i}{S_{gi} + \frac{\rho_s}{\phi}V(w_i)\frac{p_{sc}Z_iT}{Z_{sc}T_{sc}p_i} + \frac{S_{wi}R_{si}}{B_{wi}}} \quad (3.53)$$

考虑气藏为等温系统，则

$$Z^* = \frac{Z}{S_{gi} - \left[C_f(p_i-p) + S_{wi}C_w(p_i-p)\right] + \frac{\rho_s}{\phi}V(w)\frac{p_{sc}ZT_i}{Z_{sc}T_{sc}p} + \frac{S_{wi}R_s}{B_w}} \quad (3.54)$$

$$Z_i^* = \frac{Z_i}{S_{gi} + \frac{\rho_s}{\phi}V(w_i)\frac{p_{sc}Z_iT_i}{Z_{sc}T_{sc}p_i} + \frac{S_{wi}R_{si}}{B_{wi}}} \quad (3.55)$$

3.4.3 昭通地区页岩气井动态配产方法

根据考虑地层水溶解气的页岩气物质平衡方程，计算页岩气藏不同阶段的地层压力，将该地层压力代入考虑应力敏感和页岩气吸附表面分形维数的水平井产能方程，令产能方程中井底流压为一个大气压，计算单井页岩气无阻流量，给定合理配产系数，预测在此配产系数下的单井页岩气产量。给定单井页岩气井废弃压力，当物质平衡方程预测的地层压力小于等于单井废弃压力时，停止生产，计算该动态配产单井 EUR。

计算考虑应力敏感和页岩气吸附表面分形维数的水平井无阻流量方程为

$$\int_{0.101}^{p} \frac{2p}{\mu_g Z} e^{-\alpha_k(p_i-p)} dp + \int_{0.101}^{p} \frac{2p}{\mu_g Z} e^{-\alpha_k(p_i-p)} \cdot \frac{(1-\phi)}{\phi} V'(w) dp =$$

$$\frac{2Tp_{sc}}{K_iZ_{sc}T_{sc}NHn}\left(\int_0^L \left[\frac{C_gL_p\phi(L-x) + V'(w)C_gL_p(L-x)(1-\phi)H}{C_gL_p\phi L + V'(w)C_gL_pL(1-\phi)H}dx + S\right]\right)q_f + \frac{2Tp_{sc}D}{K_iZ_{sc}T_{sc}NHn}q_f^2$$

$$(3.56)$$

令

$$C_1 = \int_{0.101}^{p} \frac{2p}{\mu_g Z} e^{-\alpha_k(p_i-p)} + \frac{2p}{\mu_g Z} e^{-\alpha_k(p_i-p)} \cdot \frac{(1-\phi)}{\phi} V'(w) dp \quad (3.57)$$

$$A = \frac{2Tp_{sc}D}{K_iZ_{sc}T_{sc}NHn} \quad (3.58)$$

$$B = \frac{2Tp_{sc}}{K_iZ_{sc}T_{sc}NHn}\int_0^L\left[\frac{C_gL_p\phi(L-x) + V'(w)L_p(L-x)(1-\phi)H}{C_gL_p\phi L + V'(w)L_pL(1-\phi)H}dx + S\right] \quad (3.59)$$

那么页岩气井无阻流量为

$$q_f = \frac{-B + \sqrt{B^2 + 4AC_1}}{2A} \quad (3.60)$$

实际的合理单井产量，可以利用单井无阻流量乘以合理的配产系数 γ。因此合理产量为

$$q = q_f \times \gamma \quad (3.61)$$

因此，根据每个时步的累计产气量，利用物质平衡方程计算该时步地层压力，利用产能方程计算该时步无阻流量，乘以配产系数，并将无阻流量乘以配产系数后的产量回代到产能方程中，反求井底流压，如果大于等于最低井底流压，按该产量生产，如果小于最低井底流压，则令产能方程中的井底流压为最低井底流压，计算产量。按照上述流程计算每个时步的产量，直到满足时步数要求。其计算流程图如图 3.58 所示。

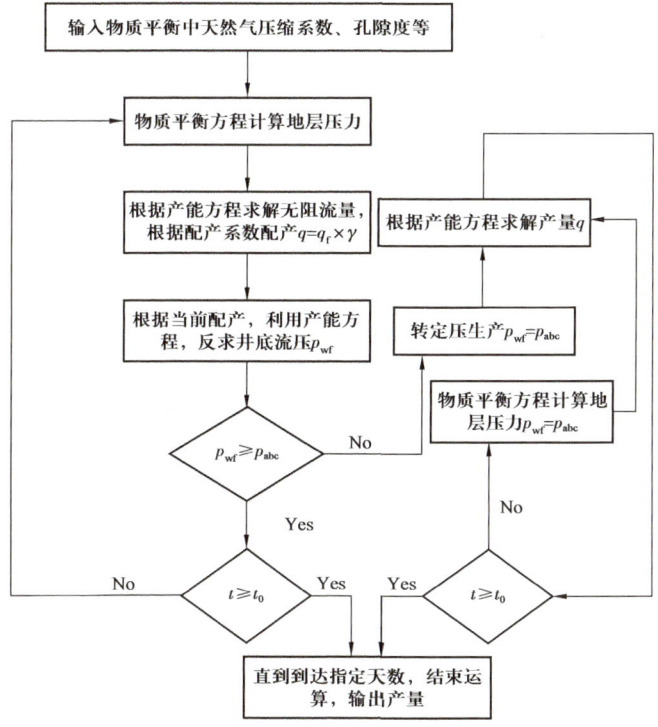

图 3.58　页岩气井日产气量流程图

3.4.4　ZB24 气井实际产能预测应用

以昭通页岩气区块 ZB24 井为例，该井已经生产 306 天。该页岩气井属于异常高压，无边底水，原始地层压力为 36.6MPa，地层温度为 75～85℃。该井水平段长度为 1050m，井底垂深为 2916.01m，完钻层位为龙马溪组，共压裂 30 段，射孔 88 簇。经过产能测试，测得该井无阻流量为 $16.02 \times 10^4 m^3/d$。

3.4.4.1 ZB24 井产能计算

根据该井 306 天的历史生产数据,利用上文提出的页岩气井产能方程理论,拟合该井 306 天的日产气量。相关地层参数见表 3.22。

表 3.22 ZB24 井地层参数

参数名	符号	单位	参数值
页岩气原始体积系数	B_{gi}	m³/m³	0.0069
页岩气藏地下水压缩系数	C_w	MPa⁻¹	0.000453
页岩气藏原始地下水溶解系数	R_{si}	m³/m³	0.647887
原始地层压力	p_i	MPa	36.6
页岩气藏含水饱和度	S_{wf}	%	45
岩石压缩系数	C_f	MPa⁻¹	0.000419
地层水体积系数	B_w	m³/m³	0.993262
页岩密度	ρ_s	g/cm³	2.65
天然气体积系数	B_g	m³/m³	变量
地层水溶解系数	R_s	m³/m³	变量

通过代入该井 306 天生产井底流压数据,预测该井单井日产气量,通过对比该井产能方程预测日产气量与生产历史日产量(图 3.59),误差仅为 6.53%。通过该产能方程,计算的无阻流量为 $16.67 \times 10^4 \text{m}^3/\text{d}$,与该井产能测试的无阻流量 $16.02 \times 10^4 \text{m}^3/\text{d}$,之间的误差仅为 4.06%,说明该产能方程能较为准确地描述 ZB24 井的生产能力。

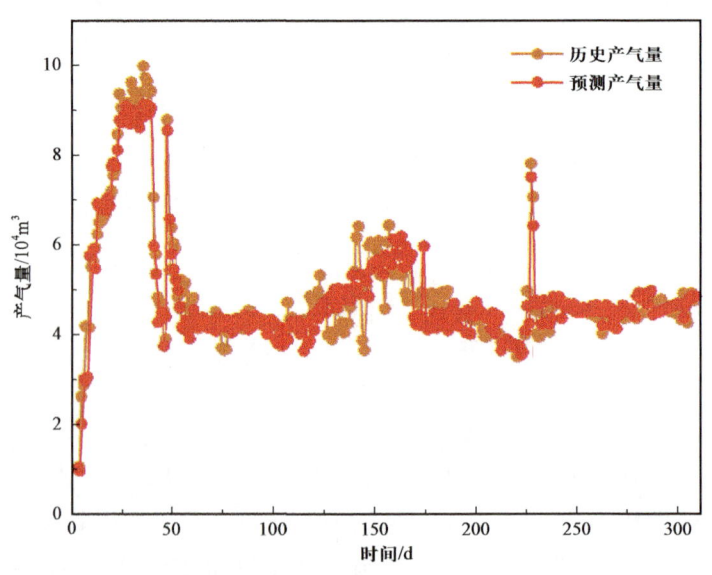

图 3.59 页岩气产能方程日产气量拟合图

3.4.4.2 ZB24 井配产方案

根据上述计算的 ZB24 井产能方程,以及页岩气井物质平衡方程,对该井按照定压、定产生产方式,通过对比考虑应力敏感和不考虑应力敏感,进行生产指标预测,其结果见表 3.23,如图 3.60 所示。

表 3.23 井定产、定压生产制度开发指标预测结果

方案	生产方式	是否考虑应力敏感	初期产气量 / ($10^4 m^3/d$)	稳产时间 / d	20 年累计产气量 / ($10^8 m^3$)
方案一	定压(p_{wf}=8MPa)	是	14.9615	0	1.7211
方案二	定压(p_{wf}=8MPa)	否	15.4941	0	1.7239
方案三	定产(p_{wfmin}=8MPa)	是	8	977	1.7191
方案四	定产(p_{wfmin}=8MPa)	否	8	1031	1.7221

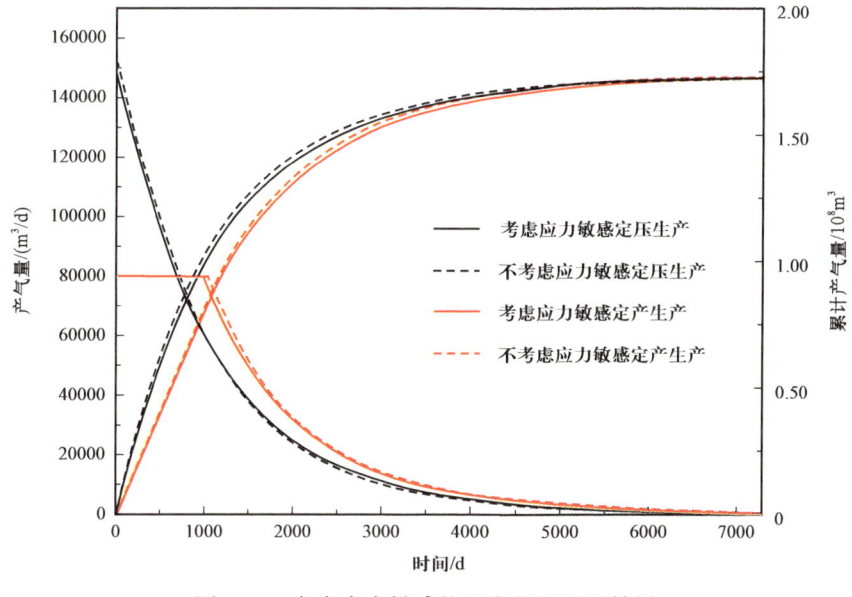

图 3.60 考虑应力敏感的开发指标预测结果

由表 3.23,图 3.60 可知,对于定压和定产生产制度下 ZB24 井,20 年后累计产气量为 $1.72 \times 10^8 m^3$ 左右。在页岩气井定压生产初期,考虑应力敏感时,该井的日产气量为 $1496.15 \times 10^4 m^3$,低于未考虑应力敏感的产能方程预测的日产气量 $15.4941 \times 10^4 m^3$;在页岩气井定产生产初期,考虑应力敏感时,该井稳产期为 977 天,比未考虑应力敏感的产能方程的稳产期 1031 天短。对于定压和定产生产制度下,考虑页岩应力敏感的 20 年后累计产气量,都低于不考虑页岩应力敏感的 20 年后累计产气量。

在得出 ZB24 井考虑页岩吸附气、地层水溶解气以及页岩气应力敏感现象的产能方程,结合考虑页岩吸附气和地层水溶解气的物质平衡方程,计算不同时刻的地层压力、无

阻流量、井底流压，以及给定不同的配产系数，在该配产系数下的不同时刻的配产量。ZB24 井不同配产系数下配产结果见表 3.24。由图 3.61 至图 3.63 可知，随着 ZB24 井配产系数增加，20 年后页岩气井累计产气量先增加较快，当配产系数为 0.4，较为平缓。当配产系数为 0.4～0.5 时，页岩气井生产前期，不仅能保持较高的日产气量，还能保持较高的地层压力，因此该井合理的配产系数为 0.4～0.5。

表 3.24 ZB24 井不同配产系数下配产结果

配产系数	初期配产量 /（m³/d）	20 年累计产气量 /（10⁸m³）
0.2	33327.36	1.3577
0.25	41659.20	1.4996
0.3	49991.04	1.6062
0.35	58322.88	1.6683
0.4	66654.73	1.6925
0.45	74986.57	1.7041
0.5	83318.41	1.7104
0.55	91650.25	1.7142
0.6	99982.09	1.7167
0.65	108313.93	1.7183
0.7	116645.77	1.7194

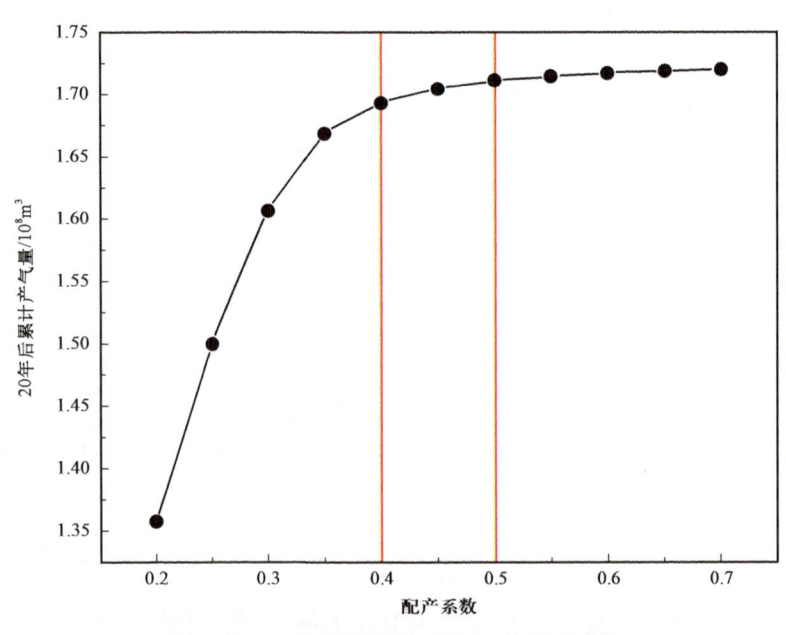

图 3.61 20 年后累计产气量与配产系数图

3 昭通页岩气井产能试井分析

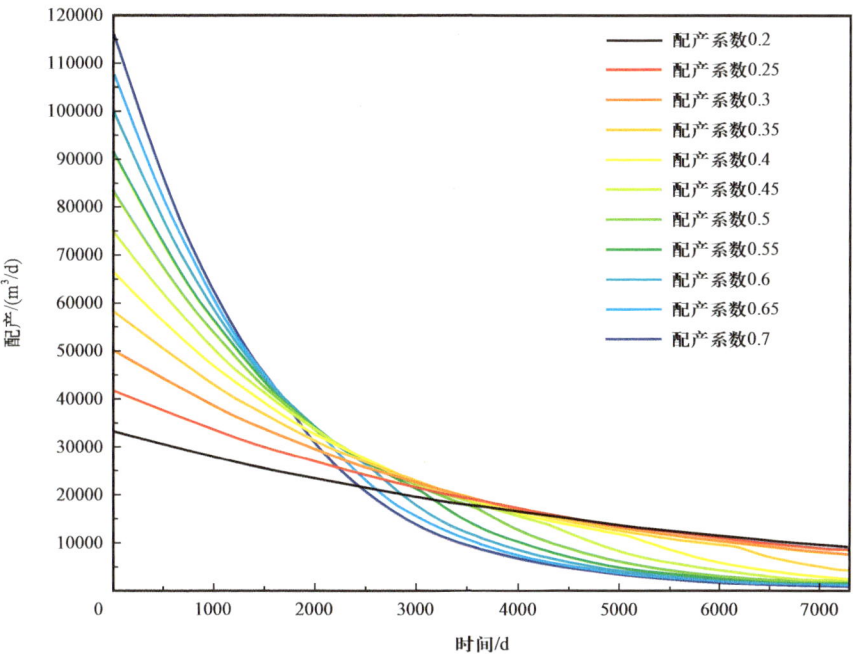

图 3.62　ZB24 井不同配产系数配产量预测

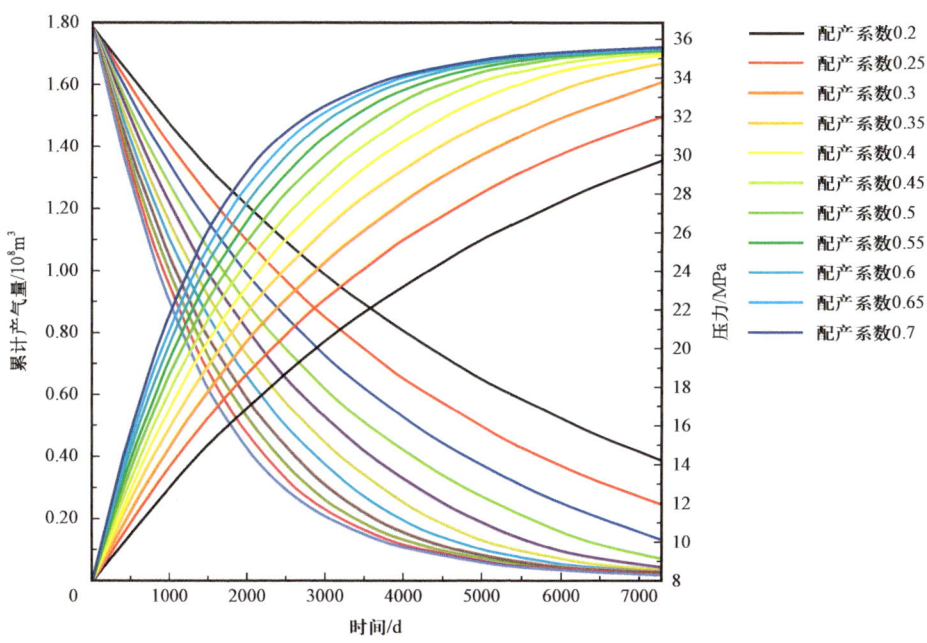

图 3.63　ZB24 井不同配产系数 EUR 预测图

— 99 —

4 昭通页岩气示范区页岩气井产量递减分析及 EUR 计算

产量递减分析是掌握油气井生产动态的常用手段，随油气开发技术的发展，产量递减分析经历了从传统产量递减分析到现代产量递减分析的过程。作为非常规气藏，页岩气藏无论在储层孔隙结构还是气体流动机理都与常规气藏有着较大差异，其渗透率极低，需经过大型分段压裂后方可得到工业气流，属于有边界的人工气藏。页岩气井产量递减具有特殊性，没有稳产期，投产即进入递减期，具有初快后慢，并逐步趋于衰竭的特点。常规气藏气井产量递减分析方法套用于页岩气井具有一定局限性。

本章基于双孔介质理论，考虑页岩气非稳态/拟稳态扩散，建立了考虑不同区域的页岩气藏渗流数学模型，并用数学方法和数值分析方法对模型进行求解。在页岩气藏压裂水平井渗流数学模型的基础上，将页岩气流动阶段划分为七个阶段，并对昭通页岩气示范区页岩气井开展产量递减分析。

4.1 页岩气井产量递减模型

很多专家学者不断完善和改进产量递减分析方法，提出了针对非常规油气藏的递减曲线分析方法。基于渗流力学理论的产能模型在进行产量递减分析和预测时需要储层物性参数和工程参数，在缺乏储层物性参数和工程参数的情况下，递减曲线分析方法只需要产量数据就可以快速地进行页岩气井产量递减分析和预测，目前广泛应用于现场生产动态分析工作。产量递减分析经历了从传统产量递减分析到现代产量递减分析的过程，由于页岩气井生产过程中会经历非稳定状态到拟稳定状态，传统 Arps 递减模型在进行页岩气井产量递减分析和预测时误差比较大。针对页岩气井提出的 Valko 模型、Duong 模型和 Li 模型具有较高的预测精度。以经验模型为基础的产量递减分析方法具有操作简单、快速且只需要气井生产数据即可进行预测的优势，在页岩气井产量预测及分析中应用最为广泛。

4.1.1 传统 Arps 递减模型

传统 Arps 递减模型是 Arps 于 1945 年提出的产量递减分析方法，它是很多产量递减分析方法的基础，也是石油与天然气行业目前广泛运用的动态分析方法。Arps 递减模型根据递减指数的取值范围将油气井产量的递减关系细分为三大种类，即指数递减型、调和递减性以及双曲线递减型，见表 4.1。

表 4.1 传统 Arps 递减模型统计表

递减类型	指数递减	双曲线递减	调和递减
递减指数	$n=0$	$0<n<1$	$n=1$
递减率	$D=$ 常数	$D = D_i \left(\dfrac{q}{q_i}\right)^n$	$D = D_i \dfrac{q}{q_i}$
产量	$q = q_i e^{-D(t-t_i)}$	$q = \dfrac{q_i}{\left[1+nD_i(t-t_i)\right]^{1/n}}$	$q = \dfrac{q_i}{1+D_i(t-t_i)}$
累积产量	$G_p = \dfrac{q_i}{D}\left[1-e^{-D(t-t_i)}\right]$	$G_p = \dfrac{q_i}{(1-n)D_i}\left\{1-\left[1+nD_i(t-t_i)\right]^{\frac{n-1}{n}}\right\}$	$G_p = \dfrac{q_i}{D_i}\ln\left[1+D_i(t-t_i)\right]$

Arps 产量递减模型可以用于气井产量的动态预测和气井可采储量的计算，根据气井产量与时间的关系式可以预测未来某个生产时间 t 的产量。

在 Arps 递减模型的求解过程中，由于只涉及产量递减过程，所需数据也仅为气井产量及对应生产时间，初始递减率和初始产量等参数都是通过回归求得。

4.1.2 Valko 产量递减模型

Valko 产量递减模型，也称为延伸指数递减分析方法，是 Valko 在研究了美国大量致密气和页岩气井产量历史变化规律的基础上，于 2009 年提出的一种页岩气井产量递减分析方法：

$$q = q_i \exp\left[-\left(\frac{t}{\tau}\right)^n\right] \qquad (4.1)$$

式中　q_i——气井最大产量值，m^3/d 或 $10^4 m^3/d$；

　　　n——需要通过产量历史拟合来确定的参数；

　　　τ——需要通过产量历史拟合来确定的参数。

根据式（4.1），可得到气井累计产量表达式如下：

$$G_p = \int_0^t q\,dt = \frac{q_i\tau}{n}\left\{\Gamma\left(\frac{1}{n}\right) - \Gamma\left[\left(\frac{1}{n}\right),\left(\frac{t}{\tau}\right)^n\right]\right\} \qquad (4.2)$$

其中，$\Gamma(x)$ 和 $\Gamma(x,z)$ 为伽马函数，$\Gamma(x) = \int_0^\infty t^{x-1}e^{-t}dt$；$\Gamma(x,z) = \int_z^\infty t^{x-1}e^{-t}dt$。

当时间 $t \to \infty$ 时，累计产量会逐渐趋近于最终可采储量 EUR（Estimated Ultimate Recovery），即

$$EUR = \frac{q_i\tau}{n}\Gamma\left(\frac{1}{n}\right) \qquad (4.3)$$

定义如下参数：

$$r_\mathrm{p} = 1 - \frac{G_\mathrm{p}}{\mathrm{EUR}} \tag{4.4}$$

将式（4.2）和式（4.3）代入（4.4）可得

$$r_\mathrm{p} = 1 - \frac{G_\mathrm{p}}{\mathrm{EUR}} = \left[\Gamma\left(\frac{1}{n}\right)\right]^{-1} \times \Gamma\left[\left(\frac{1}{n}\right), -\ln\frac{q}{q_\mathrm{i}}\right] \tag{4.5}$$

根据式（4.5），在直角坐标中，若以累计产量 G_p 为横坐标，以 r_p 为纵坐标，理论上应该得到一条截距为 1 的直线，该直线与水平坐标的交点所对应的值即为理论最大可采储量值。从式（4.5）中可以看出，当气井最大初始产量值 q_i 确定后，r_p 的计算只与参数 n 有关，而只有当 n 值取值正确时，在直角坐标中做出的 r_p—G_p 关系才呈截距为 1 的直线，这也是 Valko 延伸指数递减模型确定参数 n 的方法。

应用 Valko 延伸指数递减方法对实际页岩气井的生产数据进行分析时，应遵循以下步骤。

（1）数据准备。准备气井产量 q 和累计产量 G_p 数据，并找出气井初始生产的最大产量值 q_i。若气井在生产过程中进行过其他作业并重新生产，且其新的初始最大产量值大于原来的值，则应该用新的最大产量值。

（2）试算。给定一初始 n 值，并根据式（4.5）计算不同产量下对应的 r_p 值。

（3）作图。以累计产量 G_p 为横坐标，计算得到的 r_p 为纵坐标，在直角坐标系中绘图。

（4）观察直角坐标中 r_p—G_p 是否呈截距为 1 的直线关系，若直线截距不为 1，则调整 n 值，重复步骤（2）～（3），直到 r_p—G_p 直线截距值为 1 为止，此时即得到 Valko 延伸指数递减模型中的参数 n 值，可用于下一步气井产量预测和可采储量计算。

（5）假设初始 τ 值，利用步骤（4）中确定的 n 值和式（4.1）计算不同时刻对应的理论产气量值。

（6）将计算得到的理论产气量和气井实际产量在同一坐标轴中作图，观察并调整 τ 值，使得计算产气量和实际产气量得到最大限度的拟合，此时即得到 Valko 延伸指数递减模型中的参数 τ 值。

（7）根据气井生产实际确定最终经济极限产气量 q_e，利用之前拟合得到的 τ 值、n 值及式（4.7），即可反求达到经济极限产量所需的时间 t_e：

$$t_\mathrm{e} = \tau \left[-\ln\frac{q_\mathrm{e}}{q_\mathrm{i}}\right]^{\frac{1}{n}} \tag{4.6}$$

（8）利用步骤（7）求得的 t_e 和其他参数，根据式（4.3）即可求得气井在某一经济极限产量条件下所对应的经济可采储量值。

4.1.3 Duong 产量递减模型

Duong 产量递减模型是 Duong 于 2010 年针对页岩气藏提出的单井产量递减经验分析方法。通过对北美地区大量页岩气井生产历史的分析，Duong 发现大多数页岩气井在很长一段生产时间内，都呈现出线性流占主导的流动状态。这主要是页岩储层经过大规模水力压裂后在水平井筒附近形成压裂缝网，而周围页岩基质的渗透率极低，气井生产很难出现拟径向流和边界控制的拟稳态流。

Duong 指出，从基本渗流理论来看，当气井生产时线性流占主导作用时，气井产量和时间之间满足如下关系：

$$q = q_1 t^{-n_f} \tag{4.7}$$

式中　q_1——气井初始产量，m^3/d 或 $10^4 m^3/d$；

　　　n_f——裂缝流动特征指数，对于线性流，$n=0.5$；对于双线性流，$n=0.25$。

气井累计产量则可以表示为

$$G_p = \int_0^t q \mathrm{d}t = q_1 \frac{t^{1-n_f}}{(1-n_f)} \tag{4.8}$$

联立式（4.7）和式（4.8），可得到

$$\frac{q}{G_p} = \frac{1-n_f}{t} \tag{4.9}$$

根据式（4.9），以 q/G_p 为纵坐标、时间 t 为横坐标在双对数坐标系中作图，则将会得到一条斜率为 -1 的直线，直线段截距大小（即 n_f 值）反映了不同的裂缝线性流特征。当地层中流动为双线性流时，$n_f=0.25$；当地层中流动为线性流时，$n_f=0.5$。

需要指出的是，式（4.7）至式（4.9）是基于理想线性流/双线性流假设条件推导得到。Duong 利用式（4.9）去拟合分析北美地区若干页岩气藏中气井实际生产历史时，发现由于页岩气藏实际地质条件、储层特征、工作制度等因素的影响，所得到的实际气井 q/G_p—t 双对数图偏离式（4.9）所表示的线性关系。但同时，Duong 发现这些页岩气井的 q/G_p 和 t 之间都满足如下关系式：

$$\frac{q}{G_p} = at^{-m} \tag{4.10}$$

即实际气井的 q/G_p—t 数据在双对数坐标中作图仍然可以拟合得到直线关系，该直线的斜率为 $-m$，截距为 a。这一关系曲线也就是 Duong 递减分析方法的特征曲线。

Duong 基于对多口页岩气井生产历史的分析，认为对于页岩气井，m 值将始终大于 1。若 m 值小于 1，则该气井可能是常规低渗透气藏气井。

利用上述 Duong 递减分析特征曲线确定 m 和 a 值后，气井产量 q、累计产量 G_p 和时

间 t 之间的关系可进一步表示为

$$q = q_1 t^{-m} \mathrm{e}^{\frac{a}{1-m}(t^{1-m}-1)} \tag{4.11}$$

$$G_\mathrm{p} = \frac{q_1}{a} \mathrm{e}^{\frac{a}{1-m}(t^{1-m}-1)} \tag{4.12}$$

应用 Duong 产量递减方法对实际页岩气井的生产数据进行分析时,应遵循以下步骤。

(1) 准备气井生产历史数据:主要包括气井产量、压力数据。由于表皮效应(及/或压裂后的回流)的影响,气井早期生产数据可能会偏离线性流的直线特征,此时需要将该部分数据进行剔除或进行校正,以用于下一步直线段的拟合分析。

(2) 确定参数 m 和 a 值:作 q/G_p—t 双对数曲线,从中选取合适的直线段来确定参数 m 和 a 值,可根据直线拟合的回归系数 R^2 大小来选取合适的直线段。

(3) 确定 q_1 值:定义 $t(m,a) = t^{-m} \mathrm{e}^{\frac{a}{1-m}(t^{1-m}-1)}$,以气井的实际产气量 q 为纵坐标、参数团 $t(m,a)$ 为横坐标在直角坐标中作图。根据式(4.11),利用过原点的直线方程去拟合图中数据点,拟合直线段的斜率即为 q_1 值。

(4) 气井产量和累计产量的预测:确定参数 a、m 和 q_1 后,利用式(4.11)和式(4.12)即可进行气井产量和累计产量的计算和预测。

(5) 确定最终可采储量:根据气井生产实际确定最终经济极限产气量 q_e,利用式(4.11)反求达到经济极限产量所需的时间 t_e,而后利用式(4.13)计算最终可采储量 EUR 的数值:

$$\mathrm{EUR} = \frac{q_\mathrm{e}}{a} t_\mathrm{e}^m \tag{4.13}$$

4.1.4　Li 产量递减模型

Li 产量递减分析方法是由国内研究人员在综合 Valko 延伸指数递减和 Duong 产量递减分析方法的基础上,针对页岩气井所提出的一种产量递减分析方法。

根据 Valko 延伸指数递减模型中产量公式(4.10)可推导得到气井产量递减率表达式为

$$D = \frac{\Delta q}{q \Delta t} = \frac{n}{t} \left(\frac{t}{\tau} \right)^n \tag{4.14}$$

根据 Duong 递减模型中产量公式(4.11)可推导得到气井产量递减率表达式为

$$D = \frac{\Delta q}{q \Delta t} = \frac{m}{t} \left(1 - \frac{a}{m} t^{1-m} \right) \tag{4.15}$$

从式（4.14）和式（4.15）可以看出，Valko 延伸指数递减模型和 Duong 产量递减模型中的递减率公式可统一表示为

$$D = \frac{常数}{t} \cdot f(t) \qquad (4.16)$$

式（4.16）中函数 $f(t)$ 可分别表示为：

（1）对于 Valko 延伸指数递减模型，$f_1(t) = (t/\tau)^n$。基于北美地区大量页岩气井的递减分析结果，$f_1(t)$ 一般在 2~20 之间变化；

（2）对于 Duong 递减模型，$f_2(t) = 1 - \frac{a}{m} t^{1-m}$，且约等于式（4.7）中的裂缝流动特征指数 n_f。

Valko 延伸指数递减模型和 Duong 产量递减模型中的常数 n 和 m 数值相差较小，因而这两种方法递减率的差别主要体现在 $f(t)$ 部分，由此分析认为：

（1）Valko 延伸指数递减模型中的 $f_1(t)$ 随时间的增加而逐渐增大，而 τ 取值在 100~500 之间。当 $t \sim \tau$ 后，$f_1(t) \sim 1$；当时间 t 趋近于无穷大时，$f_1(t)$ 也会逐渐趋近于无穷大；

（2）Duong 递减模型中的 $f_2(t)$ 数值上与裂缝特征流动指数 n_f 接近，即 $f_2(t) \approx 0.25$ 或 0.5。

从上述分析可以看出，在页岩气井生产周期大部分时间内，$f_1(t) \sim f_2(t)$。并且随时间的推移，二者之间的差距会越来越大，相应的 Valko 延伸指数递减模型的递减率将大于 Duong 递减模型的递减率，Valko 延伸指数递减模型最终得到的 EUR 值将小于 Duong 递减模型预测得到的 EUR。

在实际应用中，研究人员发现 Valko 延伸指数递减模型在对高产气井产量递减规律及 EUR 预测时会偏低，而 Duong 递减模型则对于高产井的 EUR 预测结果偏高。总体来说，由于 Duong 模型的基础原理来源于裂缝的线性流及双线性流时的产气特征，对于页岩气藏单井生产历史较短的情况（生产时间只有 2~3 年），Duong 递减分析法具有明显的优势，但是对于高产井，Duong 递减分析法预测结果还是相对比较乐观。

鉴于上述原因，Li 等在 Duong 递减模型的基础上，适当修改了 Duong 递减模型中的递减率，提出了 Li 产量递减分析方法，该方法在保持 Duong 递减模型优势的基础上，又优化了 Duong 递减模型的计算结果。Li 等提出的递减率公式为

$$D = \frac{2n_f}{t} \qquad (4.17)$$

式（4.17）中，裂缝流动特征指数与时间之间具有如下关系式：

$$n_f = \lambda \ln t \qquad (4.18)$$

式中 λ 和 χ——均为 Li 递减模型参数。

则式（4.17）变为

$$D=\frac{2\lambda}{t}\ln t \tag{4.19}$$

根据式（4.19）即可推导得到页岩气井产量及累计产气量计算公式如下：

$$q = q_1 e^{-\lambda(\ln t)^2} \tag{4.20}$$

$$G_p = q_1 \cdot \frac{\sqrt{\pi}}{2\sqrt{\lambda}} \cdot e^{\frac{1}{4\lambda}} \left[\text{erf}\left(\frac{1}{2\sqrt{\lambda}}\right) - \text{erf}\left(\frac{1}{2\sqrt{\lambda}} - \sqrt{\lambda}\ln t\right) \right] \tag{4.21}$$

对式（4.20）两边同时取对数，可以得到

$$\ln q = \ln q_1 - \lambda(\ln t)^2 \tag{4.22}$$

分析式（4.22），可以看出 $\ln q$ 与 $(\ln t)^2$ 之间呈直线关系，直线的截距即为 $\ln q_1$，直线的斜率即为 $-\lambda$。

应用 Li 产量递减方法对实际页岩气井的生产数据进行分析时，应遵循以下步骤。

（1）数据准备：选取页岩气井产量递减段的数据，提前去掉比较离散的点，若产量历史中存在上产期及稳产期，应将上产期及稳产期数据点剔除，但应先求出上产期及稳产期的累计产量 G_{p1}。

（2）确定 q_1 及 λ：作 $\ln q$ 与 $(\ln t)^2$ 关系曲线，并去掉比较离散的点，根据直线的截距和斜率分别确定 q_1 及 λ。

（3）气井日产量及累计产气量预测：确定 q_1 及 λ 后，将其代入式（4.20）和式（4.21）即可计算气井日产量和累计产气量。对于存在上产期和稳产期的气井，求累计产量时应将之前统计得到的累计产量 G_{p1} 加上。

（4）气井 EUR 确定：根据气井生产实际确定最终经济极限产气量 q_e，利用式（4.20）反求达到经济极限产量所需的时间 t_e，而后代入式（4.21）即可计算最终可采储量 EUR。

4.2 页岩气藏压裂水平井渗流数学模型

在对页岩气藏进行生产动态分析和气藏描述时需要建立基于页岩气藏特征的渗流数学模型。昭通示范区页岩气藏存在多尺度运移特征，主要表现为以下运移方式：基质吸附、解吸、扩散、裂缝网络渗流以及水力裂隙渗流，经过水力压裂改造后的气藏可分为三个主要渗流区域：水力压裂区、裂缝网络区即双重孔隙介质区和纯基质区，如图 4.1 所示。

页岩储层本身渗透率非常低，只有经过压裂后才具有工业产能，研究人员认为投产后的有效泄流边界等于或接近裂缝长度，因此可以将水力压裂后的页岩水平井近似为泄油面积为矩形区域的箱体，该矩形泄流区域由基质块分割的裂缝网络组成。同时，也有研究认为未经改造的纯基质区对页岩气的产量也有贡献，不能忽略。基于这些理论，提出了三种

渗流模型，即只考虑压裂改造区的SRV（stimulated reservoir volume）模型、考虑SRV外部基质区的三线性流模型和五线性流模型。取图4.1中一条裂缝区域的四分之一为研究对象，如图4.2所示。

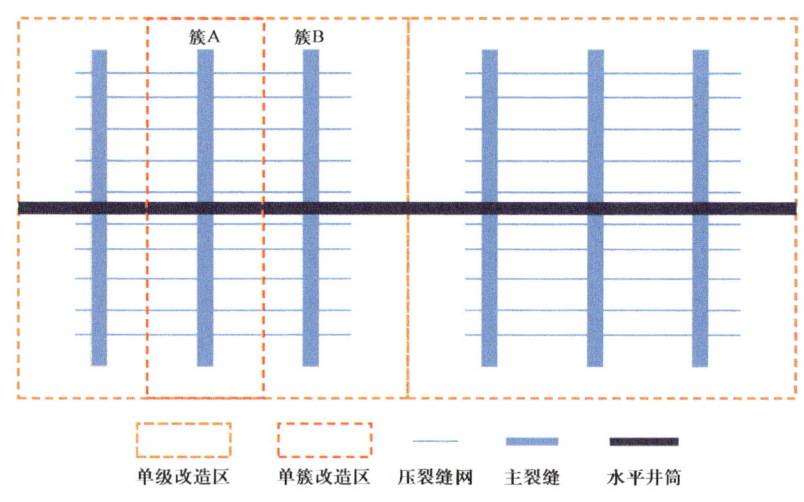

图4.1 页岩气藏压裂水平井渗流模式简化示意图

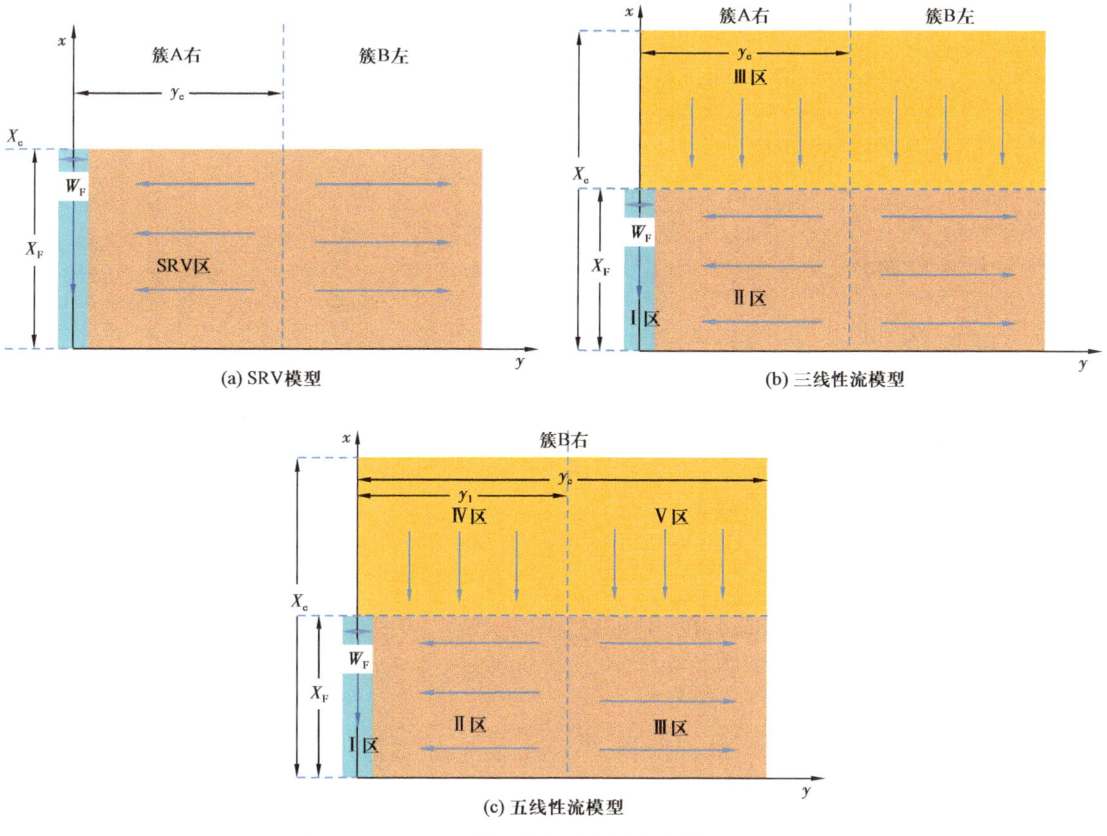

图4.2 页岩气藏压裂水平井线性流模型示意图

4.2.1 模型条件和数学求解方法

4.2.1.1 模型假设条件

为建立并求解渗流数学模型，对模型作如下假设：

（1）储层为等厚封闭储层，由基质和裂缝组成，开采过程中始终处于等温状态；

（2）气体在裂缝中流动服从达西渗流规律，且为单相气体渗流，忽略重力和毛管力影响；基质中的气体通过扩散向裂缝进行补给；

（3）水平井以定产量进行生产；

（4）水力裂缝垂直于井筒，对称均匀分布，性质特征相同；

（5）SRV区为裂缝—孔隙双重介质，外区均为单一的孔隙介质，物性相同；

（6）与气体压缩性相比，页岩储层的压缩性可忽略不计；

（7）气藏在开采前处于平衡状态，吸附态和游离态页岩气也处于动态平衡。

基于上述假设，模型得以简化，为求解模型方便需要定义无量纲变量，如下：

无量纲拟压力：$\psi_{ifD} = \dfrac{\pi K_f h T_{sc}}{p_{sc} q_{sc} T}(\psi_0 - \psi_i)$；

无量纲时间：$t_D = \dfrac{\eta_f}{x_F^2} t$；

无量纲距离：$x_D = \dfrac{x}{x_f}$，$y_D = \dfrac{y}{x_f}$，$W_{FD} = \dfrac{W_F}{x_f}$；

无量纲导压系数：$\eta_{FD} = \dfrac{\eta_F}{\eta_f}$；其中 $\eta_f = \dfrac{K_f}{\phi_f c_f \mu}$，$\eta_F = \dfrac{K_F}{\phi_F c_F \mu}$；

无量纲导流能力：$F_{CD} = \dfrac{K_F}{K_f} \dfrac{W_F}{x_F}$；

无量纲扩散系数：$D_{mD} = \dfrac{D_m}{\eta_f}$；

储集系数：$\omega = \dfrac{2\pi h}{Z_{sc} q_{sc}} D_m$；窜流系数：$\lambda = \dfrac{x_F^2}{\eta_f} \sigma D_m$。

式中　　T_{sc}——标况温度，273.15K；

p_{sc}——标况压力，1.01×10^5Pa；

q_{sc}——水平井地面产量，m³/s；

h——地层厚度，m；

x_f——水力裂缝半长，m；

W_F——水力裂缝宽度，m；

D_m——扩散系数，m²/s；

ϕ——孔隙度；

下标 i=1，2，3，4，5——划分的 I 区域，II 区域，III 区域，IV 区域，V 区域，其中 SRV 模型中没有下标 i；

下标 f——裂缝网络；

下标 m——基质；

下标 F——水力裂缝；

下标 0——初始状态。

4.2.1.2 Laplace 变换

Laplace 变换常用于求解含有时间变量 t 和空间变量 x、y、z 的偏微分方程，通过对原函数的时间变量 t 进行转换，消除时间变量 t，得到拉氏空间下对空间变量 x、y、z 的常微分方程。

Laplace 变换公式：

$$\overline{f}(s) = \int_0^\infty f(t) \mathrm{e}^{-st} \mathrm{d}t \tag{4.23}$$

式中 s——拉氏变量；

$f(t)$——原函数；

$\overline{f}(s)$——变换函数。

4.2.1.3 Duhamel 原理

根据 Duhamel 原理，可得到变产量生产时井底压力和产量的关系，其关系如下：

$$p_{\mathrm{wD}}(t_{\mathrm{D}}) = \int_0^{t_{\mathrm{D}}} q_{\mathrm{D}}(\tau) p_{\mathrm{D}}'(t_{\mathrm{D}} - \tau) \mathrm{d}\tau \tag{4.24}$$

对式（4.24）进行 Laplace 变换：

$$\overline{p_{\mathrm{wD}}}(s) = s\overline{q_{\mathrm{D}}}(s)\overline{p_{\mathrm{D}}}(s) \tag{4.25}$$

当考虑井筒储集效应和表皮效应，有如下关系式：

$$q_{\mathrm{D}}(t_{\mathrm{D}}) = 1 - C_{\mathrm{D}} \frac{\partial p_{\mathrm{wD}}}{\partial t_{\mathrm{D}}} \tag{4.26}$$

$$p_{\mathrm{D}}(t_{\mathrm{D}}) = \psi_{\mathrm{wD}}(t_{\mathrm{D}}) + S_{\mathrm{c}} \tag{4.27}$$

对式（4.26）和式（4.27）进行 Laplace 变换：

$$\overline{q_{\mathrm{D}}}(s) = \frac{1}{s} - C_{\mathrm{D}} s \overline{p_{\mathrm{wD}}}(s) \tag{4.28}$$

$$\overline{p_{\mathrm{D}}}(s) = \overline{\psi_{\mathrm{wD}}}(s) + \frac{S_{\mathrm{c}}}{s} \tag{4.29}$$

联立式（4.25）、式（4.28）和式（4.29），得到 Laplace 空间下变产量生产时井底压力的表达式：

$$\overline{p_{wD}}(s) = \frac{s\overline{\psi_{wD}}(s) + S_c}{s + C_D s^2 \left[s\overline{\psi_{wD}}(s) + S_c \right]} \quad (4.30)$$

式中 p_{wD} ——变产量生产时的井底压力；

p'_D——定产量生产时的井底压力的导数；

ψ_{wD}——考虑表皮效应时的井底压力；

q_D——无量纲产量；

C_D——无量纲储集系数；

S_c——表皮系数。

4.2.1.4 Stehfest 数值反演

通过 Laplace 变换得到 Laplace 空间下的转换函数需要反演到实空间下才能进行实际运用，在油气渗流领域运用最多的数值反演方法是 Stehfest 数值反演。Stehfest 数值反演公式如下：

$$f(t) = \frac{\ln 2}{t} \sum_{i=1}^{N} V_i \overline{f}(s) \quad (4.31)$$

其中

$$s = \frac{\ln 2}{t} i \quad (4.32)$$

$$V_i = (-1)^{\frac{N}{2}+i} \sum_{k=\left(\frac{i+1}{2}\right)}^{\min(i, N/2)} \frac{k^{N/2}(2k)!}{(N/2-k)!k!(k-1)!(i-k)!(2k-i)!} \quad (4.33)$$

结合上述算法，编制反演程序即可得到实空间下的数值解。

4.2.2 SRV 模型建立及求解

4.2.2.1 基质系统

页岩气藏裂缝网络系统中基岩向裂缝的供气形式主要以扩散为主，而且由于 SRV 区域内大规模的缝网将基岩分割形成面积巨大的开放表面，因此基岩中气体向裂缝的扩散服从菲克扩散定律。

考虑到气体在多孔介质中的流动是多种机制共同控制的结果，引入表观扩散系数 D_m 的概念，用表观扩散系数来表征压力差下渗流和浓度差下的扩散。引入表观扩散系数后，在研究页岩气藏基质系统向裂缝系统窜流时可以用菲克扩散来描述。基于表观扩散系数 D_m 的质量流量方程为：

$$J_a = -M_g D_m \frac{dC_a}{dl} \quad (4.34)$$

其中 C_a 为总的摩尔浓度，是毛管束中体相和表面吸附相的摩尔浓度之和，即为：

$$C_a+C_s+C_k \tag{4.35}$$

基于表观渗透率 K_a 的质量流量方程为:

$$J_a = -\frac{K_a}{\mu}\frac{pM_g}{Z_g RT}\frac{dp}{dl} \tag{4.36}$$

由式（4-34）、式（4-35）和式（4-36），可得表观扩散系数 D_m 的表达式:

$$D_m = K_a / \left[\mu C_g + \frac{\mu}{p}\frac{TP_{sc}V_L p_L}{T_{sc}(p+p_L)^2} \right] \tag{4.37}$$

用前文论述的基于表观扩散系数的菲克扩散来描述基质块内部气体复杂的流动规律可使得模型的建立和推导更加方便实用。页岩中基岩球体扩散过程是由不稳定扩散进入拟稳态扩散的过程，但是考虑到 SRV 区域等效基岩球体相对较小（直径数量级多为米级），扩散产生的压降可以快速波及到基岩内部，进入拟稳态。因此可以用拟稳态扩散方程来描述基质块向裂缝的扩散过程:

$$\frac{\partial V_m}{\partial t} = \sigma D_m (V_E - V_m) \tag{4.38}$$

其中，V_m 表示基质块内部的页岩气总浓度，包括吸附相浓度和游离相浓度；D_m 表示基质块内部页岩气表观扩散系数，根据气体分子有效直径的计算公式计算得到；V_E 表示基质块向裂缝系统供气达到平衡时的页岩气表观浓度，其表达式为:

$$V_m = \frac{\phi_m Z_{sc} T_{sc}}{ZTp_{sc}} p_m + (1-\phi_m)\frac{p_m V_L}{p_m + p_L} \tag{4.39}$$

$$V_E = \frac{\phi_m Z_{sc} T_{sc}}{ZTp_{sc}} p_f + (1-\phi_m)\frac{p_f V_L}{p_f + p_L} \tag{4.40}$$

基质块内部页岩气初始浓度的表达式为:

$$V_i = \frac{\phi_m Z_{sc} T_{sc}}{ZTp_{sc}} p_i + (1-\phi_m)\frac{p_i V_L}{p_i + p_L} \tag{4.41}$$

定义无量纲变量:

$$V_{ED} = V_E - V_i \tag{4.42}$$

基质扩散方程无量纲化为

$$\frac{\partial V_{mD}}{\partial t_D} = \lambda (V_{ED} - V_{mD}) \tag{4.43}$$

对基质扩散方程进行基于无量纲时间 t_D 的 Laplace 变换，得

$$\overline{V_{mD}} = \frac{\lambda}{\lambda+s}\overline{V_{ED}} \qquad (4.44)$$

基质块向裂缝系统供气达到平衡时的页岩气浓度 V_E 是裂缝系统压力 p_f 的函数，根据无量纲化变量定义可以得

$$\overline{V_{ED}} = \left[\frac{\phi_m Z_{sc} q_{sc}}{Z\pi Kh}\frac{\mu_i Z_i}{2p_i} + (1-\phi_m)\frac{p_L V_L}{(p_f+p_L)(p_i+p_L)}\frac{p_{sc}q_{sc}T}{\pi KhT_{sc}}\frac{\mu_i Z_i}{2p_i}\right]\overline{\psi_{fD}} \qquad (4.45)$$

定义吸附解吸指数 $\theta 1$ 和游离气指数 $\theta 2$，表征基质系统中吸附气和游离气对裂缝系统供气的影响，其表达式为

$$\theta 1 = \frac{\phi_m Z_{sc} q_{sc}}{Z\pi Kh}\frac{\mu_i Z_i}{2p_i} \qquad (4.46)$$

$$\theta 2 = (1-\phi_m)\frac{p_L V_L}{(p_f+p_L)(p_i+p_L)}\frac{p_{sc}q_{sc}T}{\pi KhT_{sc}}\frac{\mu_i Z_i}{2p_i} \qquad (4.47)$$

式（4.44）化简为

$$\overline{V_{mD}} = \frac{\lambda(\theta 1+\theta 2)}{\lambda+s}\overline{\psi_{fD}} \qquad (4.48)$$

4.2.2.2 裂缝系统

在裂缝系统中，气体流动符合达西渗流，根据达西定律和物质平衡原理得到裂缝系统的渗流微分方程：

$$\frac{\partial(\phi_f \rho_f)}{\partial t} - \nabla\left(\rho_f \frac{K_f}{\mu}\nabla p_f\right) = -\rho_{gsc}q_m \qquad (4.49)$$

其中，q_m 为基质系统的补给相，表示单位时间单位体积基质系统的供气流量，其表达式为

$$q_m = \frac{\partial V_m}{\partial t} \qquad (4.50)$$

根据气体状态方程和气体拟压力定义，式（4.49）变形为

$$\frac{\partial^2 \psi_f}{\partial y^2} = \frac{\phi_f c_f \mu}{K_f}\frac{\partial \psi_f}{\partial t} + \frac{2p_{sc}T}{K_f Z_{sc}T_{sc}}\frac{\partial V_m}{\partial t} \qquad (4.51)$$

定义导压系数 η_f，其表达式为

$$\eta_f = \frac{K_f}{\phi_f c_f \mu} \qquad (4.52)$$

对式（4.51）无量纲化，裂缝系统的渗流微分方程为

$$\frac{\partial^2 \psi_{fD}}{\partial y_D^2} = \frac{\partial \psi_{fD}}{\partial t_D} + \frac{\omega}{D_{mD}} \frac{\partial V_{mD}}{\partial t_D} \tag{4.53}$$

对式（4.53）进行基于无量纲时间 t_D 的 Laplace 变换，得

$$\frac{\partial^2 \overline{\psi_D}}{\partial y_D^2} = s\overline{\varphi_D} + \frac{\omega s}{D_{mD}} \overline{V_{mD}} \tag{4.54}$$

定义函数 $f(s)$：

$$f(s) = s + \frac{\omega s}{D_{mD}} \frac{(\theta 1 + \theta 2)\lambda}{\lambda + s} \tag{4.55}$$

式（4.54）化简为

$$\frac{\partial^2 \overline{\psi_D}}{\partial y_D^2} = f(s)\overline{\varphi_D} \tag{4.56}$$

裂缝系统的渗流微分方程的边界条件为

$$\left. \frac{\partial \overline{\psi_D}}{\partial y_D} \right|_{y_D = y_{eD}} = 0 \tag{4.57}$$

$$\left. \overline{\psi_{fD}} \right|_{y_D = W_{FD}/2} = \left. \overline{\psi_{FD}} \right|_{y_D = W_{FD}/2} \tag{4.58}$$

根据式（4.56）、式（4.57）和式（4.58），得到渗流微分方程的解为

$$\overline{\psi_{fD}} = \left. \overline{\psi_{FD}} \right|_{y_D = W_{FD}/2} \frac{\cosh\left[\sqrt{f(s)}(y_{eD} - y_D)\right]}{\cosh\left[\sqrt{f(s)}(y_{eD} - W_{FD}/2)\right]} \tag{4.59}$$

4.2.2.3 水力裂缝

压裂改造后，水力主裂缝垂直于水平井筒，裂缝高度等于储层高度，渗流方向为垂直井筒方向，水力裂缝的气源相来自裂缝系统，根据达西定律和物质平衡方程得到水力裂缝的渗流微分方程为

$$\frac{\partial(\phi_F \rho_F)}{\partial t} - \nabla \cdot \left(\rho_F \frac{K_F}{\mu} \nabla p_F \right) = 0 \tag{4.60}$$

根据气体状态方程和拟压力定义，式（4.60）可变形为

$$\frac{\partial^2 \psi_F}{\partial x^2} + \frac{\partial^2 \psi_F}{\partial y^2} = \frac{\phi_F c_F \mu}{K_F} \frac{\partial \psi_F}{\partial t} \tag{4.61}$$

根据无量纲定义，式（4.61）化简为

$$\frac{\partial^2 \psi_{FD}}{\partial x_D^2} + \frac{\partial^2 \psi_{FD}}{\partial y_D^2} = \frac{1}{\eta_{FD}} \frac{\partial \psi_{FD}}{\partial t_D} \tag{4.62}$$

沿裂缝系统渗流方向，从裂缝系统和水力裂缝交界面位置到水力裂缝半宽积分，式（4.62）化简得

$$\frac{\partial^2 \psi_{FD}}{\partial x_D^2} + \frac{2}{W_{FD}} \frac{\partial \psi_{FD}}{\partial y_D}\bigg|_{y_D = \frac{W_{FD}}{2}} = \frac{1}{\eta_{FD}} \frac{\partial \psi_{FD}}{\partial t_D} \tag{4.63}$$

考虑裂缝系统和水力裂缝交界面位置气体流动通量连续，即

$$K_F h \frac{\partial \psi_F}{\partial y}\bigg|_{y=W_F/2} = k_f h \frac{\partial \psi_f}{\partial y}\bigg|_{y=W_F/2} \tag{4.64}$$

根据无量纲定义，水力裂缝的渗流微分方程化简为

$$\frac{\partial^2 \psi_{FD}}{\partial x_D^2} + \frac{2}{F_{CD}} \frac{\partial \psi_D}{\partial y_D}\bigg|_{y_D = \frac{W_{FD}}{2}} = \frac{1}{\eta_{FD}} \frac{\partial \psi_{FD}}{\partial t_D} \tag{4.65}$$

对水力裂缝的渗流微分方程进行基于无量纲时间 t_D 的 Laplace 变换，得

$$\frac{\partial^2 \overline{\psi_{FD}}}{\partial x_D^2} + \frac{2}{F_{CD}} \frac{\partial \overline{\psi_{fD}}}{\partial y_D}\bigg|_{y_D = \frac{W_{FD}}{2}} = \frac{s}{\eta_{FD}} \overline{\psi_{FD}} \tag{4.66}$$

式（4.59）求导得

$$\frac{\partial \overline{\psi_D}}{\partial y_D}\bigg|_{y=W_{FD}/2} = -\overline{\psi_D}\bigg|_{y_D = W_{FD}/2} \sqrt{f(s)} \tanh\left[\sqrt{f(s)}(y_{eD} - W_{FD}/2)\right] \tag{4.67}$$

定义函数 $g(s)$：

$$g(s) = \frac{s}{\eta_{FD}} + \frac{2}{F_{CD}} \sqrt{f(s)} \tanh\left[\sqrt{f(s)}(y_{eD} - W_{FD}/2)\right] \tag{4.68}$$

水力裂缝微分方程化简为

$$\frac{\partial^2 \overline{\psi_{FD}}}{\partial x_D^2} = g(s) \overline{\psi_{FD}} \tag{4.69}$$

水力裂缝微分方程的外边界为裂缝远端，假设为不流动边界，内边界为水力裂缝与井筒交界位置，根据无量纲化定义，边界条件为

$$\frac{\partial \overline{\psi_{FD}}}{\partial x_D}\bigg|_{x_D = 1} = 0 \tag{4.70}$$

$$\left.\frac{\partial \overline{\psi_{FD}}}{\partial x_D}\right|_{x_D=0} = \frac{\pi}{sF_{CD}} \quad (4.71)$$

水力裂缝微分方程解为

$$\overline{\psi_{FD}} = \frac{\pi}{sF_{CD}\sqrt{g(s)}} \frac{\cosh\left[\sqrt{g(s)}(1-x_D)\right]}{\sinh\left(\sqrt{g(s)}\right)} \quad (4.72)$$

4.2.2.4 井底拟压力解

根据式（4.62），当 $x_D=0$ 时，可得到井底拟压力解为

$$\overline{\psi_{wD}} = \overline{\psi_{FD}}\big|_{x_D=0} = \frac{\pi}{sF_{CD}\sqrt{g(s)}\tanh\sqrt{g(s)}} \quad (4.73)$$

4.2.3 三线性流模型建立及求解

4.2.3.1 Ⅲ区模型

压裂改造对Ⅲ区的影响较小，Ⅲ区可以视为纯基质区，基质区以扩散方式向裂缝网络供气。假设 $V_m(x,y,z,t)$ 为基质区某一点在某一时刻的气体浓度，由于外部基质区尺寸较大，因此认为基质区的扩散是非稳态扩散，$V_m(x,y,z,t)$ 是时间和空间的函数，由菲克第二定律，基质区内气体扩散方程为

$$\frac{\partial V_m}{\partial t} = D_m \nabla^2 V_m \quad (4.74)$$

Ⅲ区向Ⅱ区一维扩散，则Ⅲ区基质的扩散方程为

$$\frac{\partial V_{3m}}{\partial t} = D_{3m}\frac{\partial^2 V_{3m}}{\partial x^2} \quad (4.75)$$

由无量纲定义，Ⅲ区基质的扩散方程为

$$\frac{\partial^2 V_{3mD}}{\partial x_D^2} = \frac{1}{D_{3mD}}\frac{\partial V_{3mD}}{\partial t_D} \quad (4.76)$$

对Ⅲ区基质的扩散方程进行基于无量纲时间 t_D 的 Laplace 变换，得

$$\frac{\partial^2 \overline{V_{3mD}}}{\partial x_D^2} = \frac{s}{D_{3mD}}\overline{V_{3mD}} \quad (4.77)$$

扩散方程的内边界为Ⅲ区基质与Ⅱ区裂缝网络的交界面，外边界为储层的外边界，假设为封闭边界，因此Ⅲ区基质扩散方程的边界条件为

$$\overline{V_{3mD}}\Big|_{x_D=1} = \overline{V_{2fD}}\Big|_{x_D=1} \tag{4.78}$$

$$\frac{\partial \overline{V_{3mD}}}{\partial x_D}\Big|_{x_D=x_{eD}} = 0 \tag{4.79}$$

Ⅲ区基质扩散方程的解为

$$\overline{V_{3mD}} = \overline{V_{2fD}}\Big|_{x_D=1} \frac{\cosh\left[\sqrt{s/D_{3mD}}(x_{eD}-x_D)\right]}{\cosh\left[\sqrt{s/D_{3mD}}(x_{eD}-1)\right]} \tag{4.80}$$

4.2.3.2　Ⅱ区模型

在Ⅱ区裂缝网络中，气体流动符合达西渗流，根据达西定律和物质平衡原理得到裂缝系统的渗流微分方程：

$$\frac{\partial(\phi_{2f}\rho_{2f})}{\partial t} - \nabla\left(\rho_{2f}\frac{K_{2f}}{\mu}\nabla p_{2f}\right) = -\rho_{gsc}q_{2m} \tag{4.81}$$

Ⅱ区基质块的扩散为拟稳态扩散：

$$q_{2m} = \frac{\partial V_{2m}}{\partial t} \tag{4.82}$$

Ⅱ区裂缝网络的气源来自Ⅲ区基质和Ⅱ区裂缝网络中基质块的气体扩散，根据气体状态方程和拟压力定义上述微分方程可变形为

$$\frac{\partial^2 \psi_{2f}}{\partial x^2} + \frac{\partial^2 \psi_{2f}}{\partial y^2} = \frac{\phi_{2f}c_{2f}\mu}{K_{2f}}\frac{\partial \psi_{2f}}{\partial t} + \frac{2p_{sc}T}{K_{2f}Z_{sc}T_{sc}}\frac{\partial V_{2m}}{\partial t} \tag{4.83}$$

根据无量纲定义，Ⅱ区裂缝系统的渗流微分方程化简为

$$\frac{\partial^2 \psi_{2fD}}{\partial y_D^2} + \frac{\partial^2 \psi_{2fD}}{\partial x_D^2} = \frac{\partial \psi_{2fD}}{\partial t_D} + \frac{\omega_2}{D_{mD}}\frac{\partial V_{mD}}{\partial t_D} \tag{4.84}$$

由于Ⅲ区基质的扩散方向和裂缝的渗流方向垂直，上述微分方程为二维的形式，沿着主裂缝方向对式（4.84）微分方程积分可得

$$\frac{\partial \psi_{2fD}}{\partial x_D}\Big|_{x_D=1} + \frac{\partial^2 \psi_{2fD}}{\partial y_D^2} = \frac{\partial \psi_{2fD}}{\partial t_D} + \frac{\omega_2}{D_{2mD}}\frac{\partial V_{2mD}}{\partial t_D} \tag{4.85}$$

考虑Ⅲ区基质与Ⅱ区裂缝网络的交界面气体流动连续，即有

$$\rho_{gsc}hD_{3m}\frac{\partial V_{3m}}{\partial x}\Big|_{x=x_F} = \rho_{2f}\frac{K_{2f}}{\mu}h\frac{\partial p_{2f}}{\partial x}\Big|_{x=x_F} \tag{4.86}$$

根据无量纲定义，Ⅱ区裂缝系统的渗流微分方程化简为

$$\frac{\partial^2 \psi_{2fD}}{\partial y_D^2} + \omega_2 \frac{\partial V_{3mD}}{\partial x_D}\bigg|_{x_D=1} = \frac{\partial \psi_{2fD}}{\partial t_D} + \frac{\omega_2}{D_{2mD}}\frac{\partial V_{2mD}}{\partial t_D} \qquad (4.87)$$

对Ⅱ区裂缝系统的渗流微分方程进行基于无量纲时间 t_D 的 Laplace 变换，得

$$\frac{\partial^2 \overline{\psi_{2fD}}}{\partial y_D^2} + \omega_2 \frac{\partial \overline{V_{3mD}}}{\partial x_D}\bigg|_{x_D=1} = s\overline{\psi_{2fD}} + \frac{s\omega_2}{D_{2m}}\overline{V_{2mD}} \qquad (4.88)$$

Ⅲ区基质扩散方程求导为

$$\frac{\partial \overline{V_{3mD}}}{\partial x_D}\bigg|_{x_D=1} = -\overline{V_{2fD}}\bigg|_{x_D=1}\sqrt{s/D_{3mD}}\tanh\left[\sqrt{s/D_{3mD}}(x_{eD}-1)\right] \qquad (4.89)$$

考虑裂缝中气体浓度与拟压力的关系，根据无量纲定义化简得

$$\overline{V_{2fD}} = \left(\frac{\phi_{2f}Z_{sc}q_{sc}}{Z\pi kh}\frac{\mu_i Z_i}{2p_i}\right)\overline{\psi_{2fD}} \qquad (4.90)$$

根据式（4.48），得

$$\overline{V_{2mD}} = \frac{\lambda_{2m}(\theta1_{2m}+\theta2_{2m})}{\lambda_{2m}+s}\overline{\psi_{2fD}} \qquad (4.91)$$

定义函数 $f_2(s)$，其表达式为

$$f_2(s) = w_2\left(\frac{\phi_{2f}Z_{sc}q_{sc}}{Z\pi Kh}\frac{\mu_i Z_i}{2p_i}\right)\sqrt{s/D_{3mD}}\tanh\left[\sqrt{s/D_{3mD}}(x_{eD}-1)\right]+s+\frac{sw_2}{D_{2mD}}\frac{\lambda_{2m}(\theta1_{2m}+\theta2_{2m})}{\lambda_{2m}+s}$$

$$(4.92)$$

式（4.88）化简为

$$\frac{\partial^2 \overline{\psi_{2fD}}}{\partial y_D^2} - f_2(s)\overline{\psi_{2fD}} = 0 \qquad (4.93)$$

Ⅱ区裂缝系统渗流微分方程的边界条件为

$$\frac{\partial \overline{\psi_{2fD}}}{\partial y_D}\bigg|_{y_D=y_{eD}} = 0 \qquad (4.94)$$

$$\overline{\psi_{2fD}}\bigg|_{y_D=W_{FD}/2} = \overline{\psi_{1FD}}\bigg|_{y_D=W_{FD}/2} \qquad (4.95)$$

根据式（4.93）、式（4.94）和式（4.95），Ⅱ区裂缝系统渗流微分方程解为

$$\overline{\psi_{2fD}} = \overline{\psi_{1FD}}\bigg|_{y_D=W_{FD}/2} \frac{\cosh\left[\sqrt{f_2(s)}(y_{eD}-y_D)\right]}{\cosh\left[\sqrt{f_2(s)}(y_{eD}-W_{FD}/2)\right]} \quad (4.96)$$

4.2.3.3 Ⅰ区模型

Ⅰ区即为水力裂缝区，根据达西定律和物质平衡原理得到水力裂缝的渗流微分方程为

$$\frac{\partial(\phi_{1F}\rho_{1F})}{\partial t} - \nabla\left(\rho_{1F}\frac{K_{1F}}{\mu}\nabla p_{1F}\right) = 0 \quad (4.97)$$

根据无量纲定义，水力裂缝系统的渗流微分方程化简为

$$\frac{\partial^2 \psi_{1FD}}{\partial x_D^2} + \frac{\partial^2 \psi_{1FD}}{\partial y_D^2} = \frac{1}{\eta_{FD}}\frac{\partial \psi_{1FD}}{\partial t_D} \quad (4.98)$$

根据式（4.66），得

$$\frac{\partial^2 \overline{\psi_{1FD}}}{\partial x_D^2} + \frac{2}{F_{CD}}\frac{\partial \overline{\psi_{2fD}}}{\partial y_D}\bigg|_{y=W_F/2} = \frac{s}{\eta_{1FD}}\overline{\psi_{1FD}} \quad (4.99)$$

式（4.96）求导得到：

$$\frac{\partial \overline{\psi_{2fD}}}{\partial y_D}\bigg|_{y=W_F/2} = -\overline{\psi_{1FD}}\bigg|_{y_D=W_{FD}/2}\sqrt{f_2(s)}\tanh\left[\sqrt{f_2(s)}(y_{eD}-W_{FD}/2)\right] \quad (4.100)$$

定义函数 $g_2(s)$ 为

$$g_2(s) = \frac{2}{F_{CD}}\sqrt{f_2(s)}\tanh\left[\sqrt{f_2(s)}(y_{eD}-W_{FD}/2)\right] + \frac{s}{\eta_{1FD}} \quad (4.101)$$

水力裂缝微分方程化简为

$$\frac{\partial^2 \overline{\psi_{1FD}}}{\partial x_D^2} = g_2(s)\overline{\psi_{1FD}} \quad (4.102)$$

水力裂缝微分方程的外边界为裂缝远端，假设为不流动边界，内边界为水力裂缝与井筒交界位置，根据无量纲化定义，边界条件为

$$\frac{\partial \overline{\psi_{1FD}}}{\partial x_D}\bigg|_{x_D=1} = 0$$

$$\frac{\partial \overline{\psi_{1FD}}}{\partial x_D}\bigg|_{x_D=0} = \frac{\pi}{sF_{CD}}$$

水力裂缝微分方程解为

$$\overline{\psi_{1FD}} = \frac{\pi}{sF_{CD}\sqrt{g_2(s)}} \frac{\cosh\left[\sqrt{g_2(s)}(1-x_D)\right]}{\sinh\left(\sqrt{g_2(s)}\right)} \quad (4.103)$$

4.2.3.4 井底拟压力解

当 $x_D=0$ 时，可得到井底拟压力解为

$$\overline{\psi_{wD}} = \overline{\psi_{1FD}}\bigg|_{x_D=0} = \frac{\pi}{sF_{CD}\sqrt{g_2(s)}\tanh\sqrt{g_2(s)}} \quad (4.104)$$

4.2.4 五线性流模型建立及求解

4.2.4.1 Ⅴ区模型

对Ⅴ区基质的扩散方程进行基于无量纲时间 t_D 的 Laplace 变换，得

$$\frac{\partial^2 \overline{V_{5mD}}}{\partial x_D^2} = \frac{s}{D_{5mD}} \overline{V_{5mD}} \quad (4.105)$$

扩散方程的内边界为Ⅲ区基质与Ⅱ区裂缝网络的交界面，外边界为储层的外边界，假设为不流通边界，因此Ⅲ区基质扩散方程的边界条件为

$$\overline{V_{5mD}}\bigg|_{x_D=1} = \overline{V_{3mD}}\bigg|_{x_D=1}$$

$$\frac{\partial \overline{V_{5mD}}}{\partial x_D}\bigg|_{x_D=x_{eD}} = 0$$

Ⅴ区基质扩散方程的解为

$$\overline{V_{5mD}} = \overline{V_{3mD}}\bigg|_{x_D=1} \frac{\cosh\left[\sqrt{s/D_{5mD}}(x_{eD}-x_D)\right]}{\cosh\left[\sqrt{s/D_{5mD}}(x_{eD}-1)\right]} \quad (4.106)$$

4.2.4.2 Ⅳ区模型

对Ⅳ区基质的扩散方程进行基于无量纲时间 t_D 的 Laplace 变换，得

$$\frac{\partial^2 \overline{V_{4mD}}}{\partial x_D^2} = \frac{s}{D_{4mD}} \overline{V_{4mD}} \quad (4.107)$$

扩散方程的内边界为Ⅲ区基质与Ⅱ区裂缝网络的交界面，外边界为储层的外边界，假设为不流通边界，因此Ⅲ区基质扩散方程的边界条件为

$$\overline{V_{4mD}}\bigg|_{x_D=1} = \overline{V_{2fD}}\bigg|_{x_D=1} \quad (4.108)$$

$$\left.\frac{\partial \overline{V_{4mD}}}{\partial x_D}\right|_{x_D=x_{eD}} = 0 \tag{4.109}$$

Ⅳ区基质扩散方程的解为

$$\overline{V_{4mD}} = \overline{V_{2fD}}\Big|_{x_D=1} \frac{\cosh\left[\sqrt{s/D_{4mD}}\left(x_{eD}-x_D\right)\right]}{\cosh\left[\sqrt{s/D_{4mD}}\left(x_{eD}-1\right)\right]} \tag{4.110}$$

4.2.4.3 Ⅲ区模型

Ⅲ区基质向Ⅱ区裂缝网络的扩散方向和Ⅴ区基质向Ⅲ区基质的扩散方向垂直，因此Ⅲ区基质的扩散为二维扩散，其扩散方程为

$$\frac{\partial^2 V_{3m}}{\partial x^2} + \frac{\partial^2 V_{3m}}{\partial y^2} = \frac{1}{D_{3m}} \frac{\partial V_{3m}}{\partial t} \tag{4.111}$$

沿着主裂缝方向对式（4.111）微分方程积分可得

$$\frac{\partial^2 V_{3m}}{\partial y^2} + \frac{1}{x_F}\frac{\partial V_{3m}}{\partial x}\bigg|_{x=x_F} = \frac{1}{D_{3m}} \frac{\partial V_{3m}}{\partial t} \tag{4.112}$$

考虑Ⅲ区基质与Ⅴ区基质的交界面气体流动连续，即有

$$\rho_{gsc} h D_{3m} \frac{\partial V_{3m}}{\partial x}\bigg|_{x=x_F} = \rho_{gsc} h D_{5m} \frac{\partial V_{5m}}{\partial x}\bigg|_{x=x_F} \tag{4.113}$$

Ⅲ区基质扩散方程变形得到

$$\frac{\partial^2 V_{3m}}{\partial y^2} + \frac{D_{5m}}{D_{3m} x_F}\frac{\partial V_{5m}}{\partial x}\bigg|_{x=x_F} = \frac{1}{D_{3m}} \frac{\partial V_{3m}}{\partial t} \tag{4.114}$$

根据无量纲化定义，并对式（4.114）进行基于无量纲时间 t_D 的Laplace变换，得到

$$\frac{\partial^2 \overline{V_{3mD}}}{\partial y_D^2} + \frac{D_{5mD}}{D_{3mD}}\frac{\partial \overline{V_{5mD}}}{\partial x_D}\bigg|_{x_D=1} = \frac{1}{D_{3mD}} \frac{\partial \overline{V_{3mD}}}{\partial t_D} \tag{4.115}$$

式（4-106）求导为

$$\overline{V_{5mD}}\Big|_{x_D=1} = -\overline{V_{3mD}}\Big|_{x_D=1}\sqrt{s/D_{5mD}}\tanh\left[\sqrt{s/D_{5mD}}\left(x_{eD}-1\right)\right] \tag{4.116}$$

定义函数 $f_3(s)$，其表达式为

$$f_3(s) = \frac{D_{5mD}}{D_{3mD}}\sqrt{s/D_{5mD}}\tanh\left[\sqrt{s/D_{5mD}}\left(x_{eD}-1\right)\right] + \frac{s}{D_{3mD}} \tag{4.117}$$

式（4-115）化简为

$$\frac{\partial^2 \overline{V_{3mD}}}{\partial y_D^2} = f_3(s)\overline{V_{3mD}} \quad (4.118)$$

Ⅲ区基质扩散方程的内边界为Ⅲ区基质与Ⅱ区裂缝网络的交界面，外边界假设为不流通边界，因此Ⅲ区基质扩散方程的边界条件为

$$\overline{V_{3mD}}\Big|_{y_D=y_{1D}} = \overline{V_{2fD}}\Big|_{y_D=y_{1D}} \quad (4.119)$$

$$\left.\frac{\partial \overline{V_{3mD}}}{\partial y_D}\right|_{y_D=y_{eD}} = 0 \quad (4.120)$$

Ⅲ区基质扩散方程的解为

$$\overline{V_{3mD}} = \overline{V_{2fD}}\Big|_{y_D=y_{1D}} \frac{\cosh\left[\sqrt{f_3(s)}(y_{eD}-y_D)\right]}{\cosh\left[\sqrt{f_3(s)}(y_{eD}-y_{1D})\right]} \quad (4.121)$$

4.2.4.4　Ⅱ区模型

在Ⅱ区裂缝网络中，气体流动符合达西渗流，根据达西定律和物质平衡原理得到裂缝系统的渗流微分方程：

$$\frac{\partial(\phi_{2f}\rho_{2f})}{\partial t} - \nabla\left(\rho_{2f}\frac{K_{2f}}{\mu}\nabla p_{2f}\right) = -\rho_{gsc}q_{2m} \quad (4.122)$$

Ⅱ区基质块的扩散为拟稳态扩散，则

$$q_{2m} = \frac{\partial V_{2m}}{\partial t} \quad (4.123)$$

Ⅱ区裂缝网络的气源来自Ⅳ区基质和Ⅱ区裂缝网络中基质块的气体扩散，根据气体状态方程和拟压力定义上述微分方程可变形为

$$\frac{\partial^2 \psi_{2f}}{\partial x^2} + \frac{\partial^2 \psi_{2f}}{\partial y^2} = \frac{\phi_{2f}c_{2f}\mu}{K_{2f}}\frac{\partial \psi_{2f}}{\partial t} + \frac{2p_{sc}T}{K_{2f}Z_{sc}T_{sc}}\frac{\partial V_{2m}}{\partial t} \quad (4.124)$$

根据无量纲定义，Ⅱ区裂缝系统的渗流微分方程化简为

$$\frac{\partial^2 \psi_{2fD}}{\partial y_D^2} + \frac{\partial^2 \psi_{2fD}}{\partial x_D^2} = \frac{\partial \psi_{2fD}}{\partial t_D} + \frac{\omega_2}{D_{2mD}}\frac{\partial V_{mD}}{\partial t_D} \quad (4.125)$$

由于Ⅳ区基质的扩散方向和裂缝的渗流方向垂直，上述微分方程为二维的形式，沿着主裂缝方向对上式微分方程积分可得

$$\left.\frac{\partial \psi_{2fD}}{\partial x_D}\right|_{x_D=1} + \frac{\partial^2 \psi_{2fD}}{\partial y_D^2} = \frac{\partial \psi_{2fD}}{\partial t_D} + \frac{\omega_2}{D_{2mD}}\frac{\partial V_{2mD}}{\partial t_D} \tag{4.126}$$

考虑Ⅳ区基质与Ⅱ区裂缝网络的交界面气体流动连续，即有

$$\left.\rho_{gsc}hD_{4m}\frac{\partial V_{4m}}{\partial x}\right|_{x=x_F} = \left.\rho_{2f}\frac{K_{2f}}{\mu}h\frac{\partial p_{2f}}{\partial x}\right|_{x=x_F} \tag{4.127}$$

根据无量纲定义，Ⅱ区裂缝系统的渗流微分方程化简为

$$\frac{\partial^2 \psi_{2fD}}{\partial y_D^2} + \left.\omega_4 \frac{\partial V_{4mD}}{\partial x_D}\right|_{x_D=1} = \frac{\partial \psi_{2fD}}{\partial t_D} + \frac{\omega_2}{D_{2mD}}\frac{\partial V_{2mD}}{\partial t_D} \tag{4.128}$$

对Ⅱ区裂缝系统的渗流微分方程进行基于无量纲时间 t_D 的 Laplace 变换，得

$$\frac{\partial^2 \overline{\psi_{2fD}}}{\partial y_D^2} + \left.\omega_2 \frac{\partial \overline{V_{4mD}}}{\partial x_D}\right|_{x_D=1} = s\overline{\psi_{2fD}} + \frac{s\omega_2}{D_{2mD}}\overline{V_{2mD}} \tag{4.129}$$

Ⅳ区基质扩散方程求导为

$$\left.\frac{\partial \overline{V_{4mD}}}{\partial x_D}\right|_{x_D=1} = -\overline{V_{2fD}}\Big|_{x_D=1}\sqrt{s/D_{4mD}}\tanh\left[\sqrt{s/D_{4mD}}\left(x_{eD}-1\right)\right] \tag{4.130}$$

考虑裂缝中气体浓度与拟压力的关系，根据无量纲定义化简得到

$$\overline{V_{2fD}} = \left(\frac{\phi_{2f}Z_{sc}q_{sc}}{Z\pi Kh}\frac{\mu_i Z_i}{2p_i}\right)\overline{\psi_{2fD}} \tag{4.131}$$

根据式（4-44），得

$$\overline{V_{2mD}} = \frac{\lambda_{2m}\left(\theta 1_{2m}+\theta 2_{2m}\right)}{\lambda_{2m}+s}\overline{\psi_{2fD}} \tag{4.132}$$

定义函数 $f_2(s)$，其表达式为

$$f_2(s) = \omega_2\left(\frac{\phi_{2f}Z_{sc}q_{sc}}{Z\pi Kh}\frac{\mu_i Z_i}{2p_i}\right)\sqrt{s/D_{4mD}}\tanh\left[\sqrt{s/D_{4mD}}\left(x_{eD}-1\right)\right] + s + \frac{s\omega_2}{D_{2mD}}\frac{\lambda_{2m}\left(\theta 1_{2m}+\theta 2_{2m}\right)}{\lambda_{2m}+s}$$
$$\tag{4.133}$$

Ⅱ区裂缝系统的渗流微分方程化简为

$$\frac{\partial^2 \overline{\psi_{2fD}}}{\partial y_D^2} - f_2(s)\overline{\varphi_{2fD}} = 0 \tag{4.134}$$

Ⅱ区裂缝系统的渗流微分方程的解为

$$\overline{\psi_{2\text{fD}}}(y_\text{D}) = \overline{\psi_{2\text{fD}}}\Big|_{y_\text{D}=y_{1\text{D}}} \cosh\left[\sqrt{f_2(s)}(y_\text{D}-y_{1\text{D}})\right] + \frac{\partial \overline{\psi_{2\text{fD}}}}{\partial y_\text{D}}\Big|_{y_\text{D}=y_{1\text{D}}} \sinh\left[\sqrt{f_2(s)}(y_\text{D}-y_{1\text{D}})\right] \quad (4.135)$$

Ⅲ区基质扩散方程的解为

$$\overline{V_{3\text{mD}}} = \overline{V_{2\text{fD}}}\Big|_{y_\text{D}=y_{1\text{D}}} \frac{\cosh\left[\sqrt{f_3(s)}(y_{\text{eD}}-y_\text{D})\right]}{\cosh\left[\sqrt{f_3(s)}(y_{\text{eD}}-y_{1\text{D}})\right]} \quad (4.136)$$

Ⅲ区基质扩散方程的解求导为

$$\frac{\partial \overline{V_{3\text{mD}}}}{\partial y_\text{D}}\Big|_{y_\text{D}=y_{1\text{D}}} = -\overline{V_{2\text{fD}}}\Big|_{y_\text{D}=y_{1\text{D}}} \sqrt{f_3(s)} \tanh\left[\sqrt{f_3(s)}(y_{\text{eD}}-y_{1\text{D}})\right] \quad (4.137)$$

考虑裂缝中气体浓度与拟压力的关系，根据无量纲定义化简得到

$$\overline{V_{2\text{fD}}}\Big|_{y_\text{D}=y_{1\text{D}}} = \left(\frac{\phi_{2\text{f}} Z_{\text{sc}} q_{\text{sc}}}{Z\pi Kh} \frac{\mu_\text{i} Z_\text{i}}{2p_\text{i}}\right) \overline{\psi_{2\text{fD}}}\Big|_{y_\text{D}=y_{1\text{D}}} \quad (4.138)$$

考虑Ⅲ区基质与Ⅱ区裂缝网络的交界面气体流动连续，即

$$\rho_{\text{gsc}} h D_{3\text{m}} \frac{\partial V_{3\text{m}}}{\partial y}\Big|_{y=y_{1\text{D}}} = \rho_{2\text{f}} \frac{K_{2\text{f}}}{\mu} h \frac{\partial p_{2\text{f}}}{\partial x}\Big|_{y=y_{1\text{D}}} \quad (4.139)$$

因此得到Ⅱ区裂缝系统渗流微分方程的外边界条件为

$$\frac{\partial \overline{\psi_{2\text{fD}}}}{\partial y_\text{D}}\Big|_{y_\text{D}=y_{1\text{D}}} = -\overline{\psi_{2\text{fD}}}\Big|_{y_\text{D}=y_{1\text{D}}} \omega_3 \left(\frac{\phi_{2\text{f}} Z_{\text{sc}} q_{\text{sc}}}{Z\pi Kh} \frac{\mu_\text{i} Z_\text{i}}{2p_\text{i}}\right) \sqrt{f_3(s)} \tanh\left[\sqrt{f_3(s)}(y_{\text{eD}}-y_{1\text{D}})\right] \quad (4.140)$$

定义函数 $z_3(s)$：

$$z_3(s) = \omega_3 \left(\frac{\phi_{2\text{f}} Z_{\text{sc}} q_{\text{sc}}}{Z\pi Kh} \frac{\mu_\text{i} Z_\text{i}}{2p_\text{i}}\right) \sqrt{f_3(s)} \tanh\left[\sqrt{f_3(s)}(y_{\text{eD}}-y_{1\text{D}})\right] \quad (4.141)$$

则外边界条件为

$$\frac{\partial \overline{\psi_{2\text{fD}}}}{\partial y_\text{D}}\Big|_{y_\text{D}=y_{1\text{D}}} = -z_3(s) \overline{\psi_{2\text{fD}}}\Big|_{y_\text{D}=y_{1\text{D}}} \quad (4.142)$$

内边界条件为

$$\overline{\psi_{2\text{fD}}}\Big|_{y_\text{D}=W_{\text{FD}}/2} = \overline{\psi_{1\text{FD}}}\Big|_{y_\text{D}=W_{\text{FD}}/2} \quad (4.143)$$

Ⅱ区裂缝系统的渗流微分方程的通解为

$$\overline{\psi_{2\mathrm{fD}}}(y_\mathrm{D}) = \overline{\psi_{2\mathrm{fD}}}\Big|_{y_\mathrm{D}=y_{1\mathrm{D}}} \cosh\left[\sqrt{f_2(s)}(y_\mathrm{D}-y_{1\mathrm{D}})\right] + \frac{\partial \overline{\psi_{2\mathrm{fD}}}}{\partial y_\mathrm{D}}\Big|_{y_\mathrm{D}=y_{1\mathrm{D}}} \sinh\left[\sqrt{f_2(s)}(y_\mathrm{D}-y_{1\mathrm{D}})\right] \quad (4.144)$$

联立式（4.142）、式（4.143）和式（4.144）得到

$$\overline{\psi_{2\mathrm{fD}}}\Big|_{y_\mathrm{D}=y_{1\mathrm{D}}} = \overline{\psi_{1\mathrm{FD}}}\Big|_{y_\mathrm{D}=W_{\mathrm{FD}}/2} \Big/ \left\{\cosh\left[\sqrt{f_2(s)}(W_{\mathrm{FD}}/2-y_{1\mathrm{D}})\right] - z_3(s)\sinh\left[\sqrt{f_2(s)}(W_{\mathrm{FD}}/2-y_{1\mathrm{D}})\right]\right\}$$
$$(4.145)$$

定义以下函数：

$$h_2(s) = \cosh\left[\sqrt{f_2(s)}(W_{\mathrm{FD}}/2-y_{1\mathrm{D}})\right] - z_3(s)\sinh\left[\sqrt{f_2(s)}(W_{\mathrm{FD}}/2-y_{1\mathrm{D}})\right] \quad (4.146)$$

$$c_2(s,y_\mathrm{D}) = \frac{\cosh\left[\sqrt{f_2(s)}(y_\mathrm{D}-y_{1\mathrm{D}})\right] - z_3(s)\sinh\left[\sqrt{f_2(s)}(y_\mathrm{D}-y_{1\mathrm{D}})\right]}{h_2(s)} \quad (4.147)$$

式（4.145）化简为

$$\overline{\psi_{2\mathrm{fD}}}(y_\mathrm{D}) = c_2(s,y_\mathrm{D}) \overline{\psi_{1\mathrm{FD}}}\Big|_{y_\mathrm{D}=W_{\mathrm{FD}}/2} \quad (4.148)$$

式（4.148）求导得到

$$\frac{\partial \overline{\psi_{2\mathrm{fD}}}}{\partial y_\mathrm{D}}\Big|_{y_\mathrm{D}=W_{\mathrm{FD}}/2} = \overline{\psi_{1\mathrm{FD}}}\Big|_{y_\mathrm{D}=W_{\mathrm{FD}}/2} \frac{\sqrt{f_2(s)}\sinh\left[\sqrt{f_2(s)}(W_{\mathrm{FD}}/2-y_{1\mathrm{D}})\right] - z_3(s)\sqrt{f_2(s)}\cosh\left[\sqrt{f_2(s)}(W_{\mathrm{FD}}/2-y_{1\mathrm{D}})\right]}{h_2(s)}$$
$$(4.149)$$

定义函数：

$$F_2(s) = \frac{\sqrt{f_2(s)}\sinh\left[\sqrt{f_2(s)}(W_{\mathrm{FD}}/2-y_{1\mathrm{D}})\right] - g_3(s)\sqrt{f_2(s)}\cosh\left[\sqrt{f_2(s)}(W_{\mathrm{FD}}/2-y_{1\mathrm{D}})\right]}{h_2(s)} \quad (4.150)$$

式（4.149）化简为

$$\frac{\partial \overline{\psi_{2\mathrm{fD}}}}{\partial y_\mathrm{D}}\Big|_{y_\mathrm{D}=W_{\mathrm{FD}}/2} = \overline{\psi_{1\mathrm{FD}}}\Big|_{y_\mathrm{D}=W_{\mathrm{FD}}/2} F_2(s) \quad (4.151)$$

4.2.4.5　Ⅰ区模型

Ⅰ区即为水力裂缝区，根据达西定律和物质平衡方程，得到Ⅰ区的渗流微分方程为

$$\frac{\partial(\phi_{1\mathrm{F}}\rho_{1\mathrm{F}})}{\partial t} - \nabla\left(\rho_{1\mathrm{F}}\frac{K_{1\mathrm{F}}}{\mu}\nabla p_{1\mathrm{F}}\right) = 0 \quad (4.152)$$

Ⅰ区渗流微分方程无量纲后化简为：

$$\frac{\partial^2 \psi_{1FD}}{\partial x_D^2} + \frac{\partial^2 \psi_{1FD}}{\partial y_D^2} = \frac{1}{\eta_{FD}} \frac{\partial \psi_{1FD}}{\partial t_D} \tag{4.153}$$

根据气体状态方程和拟压力定义，并对上述微分方程进行基于无量纲时间 t_D 的 Laplace 变换，得

$$\frac{\partial^2 \overline{\psi_{1FD}}}{\partial x_D^2} + \frac{2}{F_{CD}} \frac{\partial \overline{\psi_{2fD}}}{\partial y_D}\bigg|_{y_D=W_{FD}/2} = \frac{s}{\eta_{1FD}} \overline{\psi_{1FD}} \tag{4.154}$$

根据裂缝系统微分方程解，求导得

$$\frac{\partial \overline{\psi_{2fD}}}{\partial y_D}\bigg|_{y_D=W_{FD}/2} = \overline{\psi_{1FD}}\bigg|_{y_D=W_{FD}/2} F_2(s) \tag{4.155}$$

定义函数 $g_2(s)$ 为：

$$g_2(s) = \frac{s}{\eta_{1FD}} - \frac{2}{F_{CD}} F_2(s) \tag{4.156}$$

水力裂缝微分方程化简为

$$\frac{\partial^2 \overline{\psi_{1FD}}}{\partial x_D^2} = g_2(s) \overline{\psi_{1FD}} \tag{4.157}$$

水力裂缝微分方程的外边界为裂缝远端，假设为不流动边界，内边界为水力裂缝与井筒交界位置，根据无量纲化定义，边界条件为

$$\frac{\partial \overline{\psi_{1FD}}}{\partial x_D}\bigg|_{x_D=1} = 0 \tag{4.158}$$

$$\frac{\partial \overline{\psi_{1FD}}}{\partial x_D}\bigg|_{x_D=0} = \frac{\pi}{sF_{CD}} \tag{4.159}$$

水力裂缝微分方程解为

$$\overline{\psi_{1FD}} = \frac{\pi}{sF_{CD}\sqrt{g_2(s)}} \frac{\cosh\left[\sqrt{g_2(s)}(1-x_D)\right]}{\sinh\left[\sqrt{g_2(s)}\right]} \tag{4.160}$$

4.2.4.6　井底拟压力解

根据式（4.160），当 $x_D=0$ 时，可得到井底拟压力解为

$$\overline{\psi_{wD}} = \overline{\psi_{1FD}}\bigg|_{x_D=0} = \frac{2\pi}{sF_{CD}\sqrt{g_2(s)}\tanh\sqrt{g_2(s)}} \tag{4.161}$$

4.3 基于五线性流的页岩气藏压裂水平井产量递减分析方法

根据前文研究得到的 Laplace 空间下的井底拟压力解，在此基础上，采用 Stefest 数值反演的方法，利用 Matlab 编程语言，绘制实空间下页岩气藏水平压裂井压力动态响应曲线和产量递减典型曲线，对流动阶段进行划分，并对影响产量递减的因素进行敏感性分析。

根据 Van Everdingen 和 Hurst 的研究结果，在 Laplace 空间下，定产拟压力解和定压产量解存在如下关系：

$$\overline{\psi}_{wD} = \frac{1}{s^2 \overline{q}_{wD}} \quad (4.162)$$

根据 Duhamel 原理，考虑井筒储集效应和表皮效应，Laplace 空间下产量解的表达式为：

$$\overline{q}_{wD} = \frac{1}{s^2 \overline{p}_{wD}} \quad (4.163)$$

4.3.1 模型验证与对比

4.3.1.1 模型验证

ZB108 H1-1 井是位于四川盆地 ZT 地区的一口页岩气开发水平井，完钻井深 4111.5m，完钻层位是龙马溪组，储层中部深度 2569m，储层有效厚度 26.4m，水平段长 1353m，地层压力系数为 2.03，含气量为 4.6m³/t，原始地层压力为 48.76MPa，偏差系数为 0.963，气体黏度为 0.020mPa·s，地层温度为 360K，井筒半径为 0.11m；采用了桥塞+电缆传输分簇射孔工艺进行射孔压裂作业，对水平段分 15 级进行压裂。实际生产资料为 ZB108 H1-1 井 1253 的生产动态数据，如图 4.3 所示。

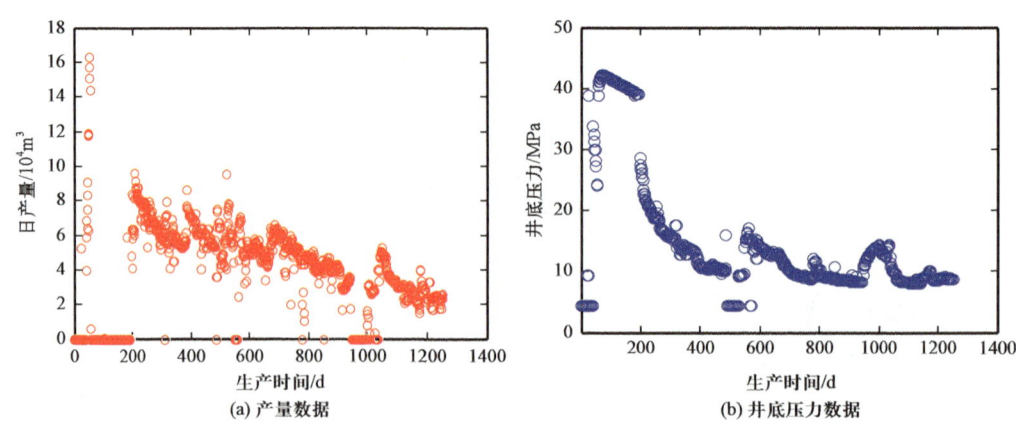

图 4.3 页岩气井生产动态数据

基于五线性流模型进行单井历史拟合，模型计算参数见表4.2。

表4.2 基于五线性流模型的 ZB108 H1-1 井模型参数

储层参数	取值	储层参数	取值
研究区域尺寸 $x_e × y_e × h$/m	100×40×26.4	Ⅲ区基质扩散系数 D_{3m}/(cm²/s)	5×10⁻⁶
Ⅱ区尺寸 $x_f × y_1 × h$/m	80×30×26.4	Ⅳ区基质扩散系数 D_{4m}/(cm²/s)	2.5×10⁻⁶
水力裂缝宽度 W_F/m	0.005	Ⅴ区基质扩散系数 D_{5m}/(cm²/s)	1×10⁻⁶
无量纲裂缝导流能力 F_{CD}	4.3	非SRV渗透率/mD	0.0001
水力裂缝半长/m	80	等温吸附体积 V_L/(cm³/g)	3
基质孔隙度/%	5	等温吸附压力 p_L/MPa	4
Ⅱ区裂缝系统渗透率/mD	0.005	表皮系数/S_c	0.1
Ⅱ区基质系统扩散系数 D_{2m}/(cm²/s)	5×10⁻⁵	无量纲井筒储集系数	0.001

根据表4.2的模型参数，将无量纲化后的产量和时间与模型图版进行拟合，如图4.4（a）所示，将模型计算结果和产量数据进行拟合对比，如图4.4（b）所示，可以看出生产数据曲线和模型拟合良好，因此五线性流模型可用于页岩气藏压裂水平井的产量递减分析与预测。

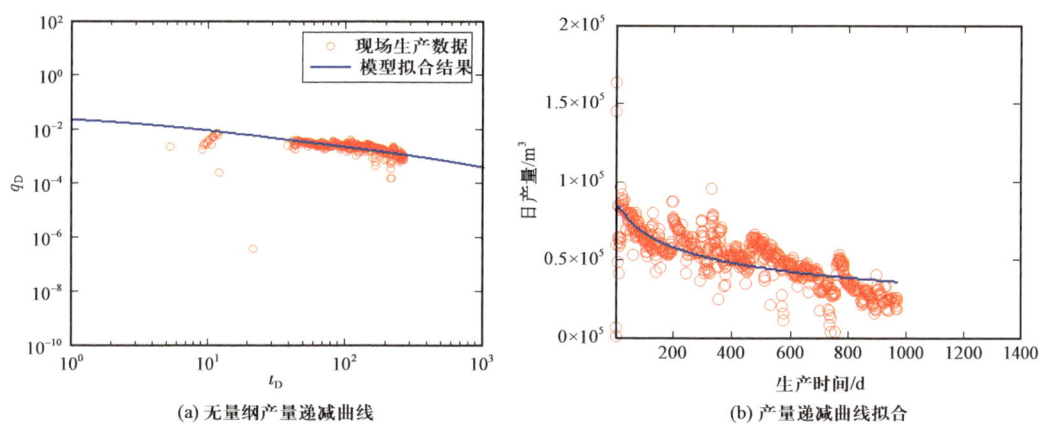

图4.4 五线性流模型计算结果

4.3.1.2 模型对比

根据前文提出的SRV模型、三线性流模型和五线性流模型，选取相同的物性参数，见表4.3，采用Stehfest数值反演方法，利用Matlab编程语言，在同一坐标下绘制无量纲产量及其导数曲线和无量纲拟压力及其导数曲线。

表 4.3 模型计算参数

储层参数	取值	储层参数	取值
SRV 模型尺寸 $x_e \times y_e \times h$/(m×m×m)	50×30×70	Ⅱ区基质扩散系数 D_{2m}/(cm²/s)	5×10^{-5}
三线性流模型尺寸 $x_e \times y_e \times h$/(m×m×m)	100×30×70	Ⅲ区基质扩散系数 D_{3m}/(cm²/s)	5×10^{-6}
五线性流模型尺寸 $x_e \times y_e \times h$/(m×m×m)	100×100×70	Ⅳ区基质扩散系数 D_{4m}/(cm²/s)	5×10^{-6}
水力裂缝宽度 W_F/m	0.005	Ⅴ区基质扩散系数 D_{5m}/(cm²/s)	5×10^{-6}
无量纲裂缝导流能力 F_{CD}	0.5	水力裂缝渗透率 /mD	500
水力裂缝半长 /m	50	等温吸附体积 V_L/(cm³/g)	3
基质孔隙度 /%	3	等温吸附压力 p_L/MPa	4
SRV 区裂缝系统渗透率 /mD	0.1	表皮系数 S_c	0.1
SRV 区基质扩散系数 D_{2m}/(cm²/s)	5×10^{-5}	无量纲井筒储集系数	0.001

由于三线性流模型和五线性流模型都是在 SRV 模型基础建立的,不同之处在于是否考虑外部基质的影响,从曲线的对比可以看出,在 SRV 区域内的流动,无论是三线性流还是五线性流,其产量递减曲线和压力响应曲线与 SRV 模型基本一致;只有当压力波传到外部基质区后,三线性流模型和五线性流模型相比 SRV 模型才有明显的变化。

从图 4.5 和图 4.6 可以看出,考虑外部基质区域后,压力降低和产量递减更加缓慢,产量和压力也相对较高;并且由于五线性流模型相对三线性流模型考虑的外部基质区域更加广泛,其压力和产量高于三线性流模型。通过对三个模型的对比,可以说明外部基质区域对产量的贡献主要体现在生产后期,在生产前期和中期基本可以不用考虑。

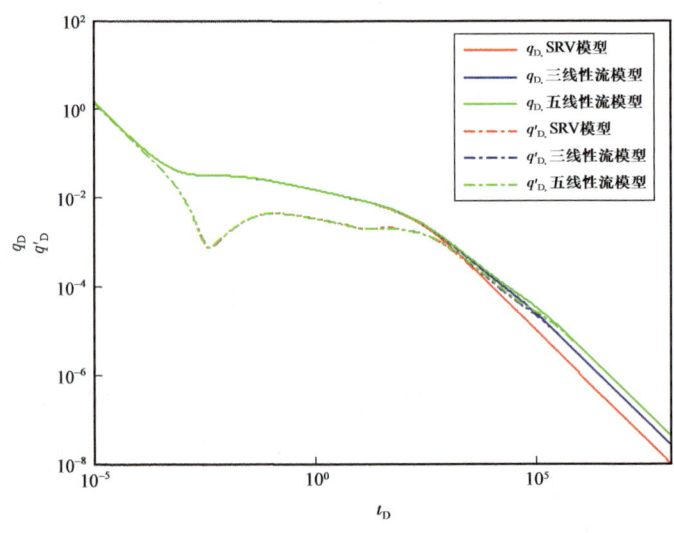

图 4.5 无量纲产量及产量导数曲线对比

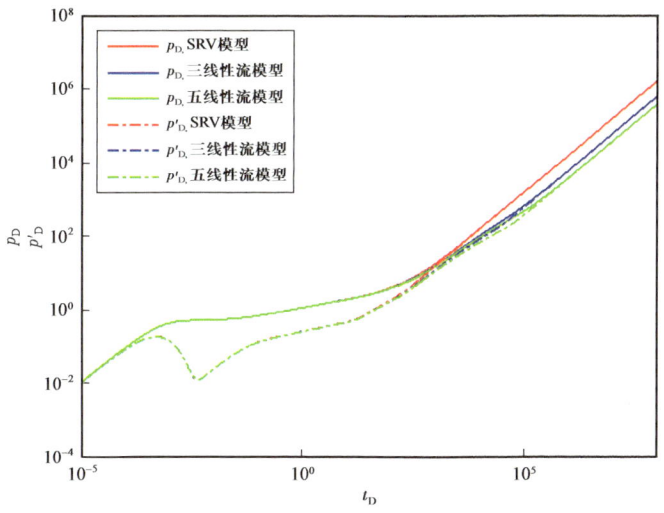

图4.6 无量纲压力及压力导数曲线对比

4.3.2 页岩气流动阶段划分与识别

4.3.2.1 页岩气流动阶段划分

使用前文提出的五线性流模型,绘制产量递减典型曲线和压力动态响应曲线,如图4.7和图4.8所示,曲线表现出不同的流动阶段,产量递减典型曲线和压力动态响应曲线均可以划分出7个流动阶段。

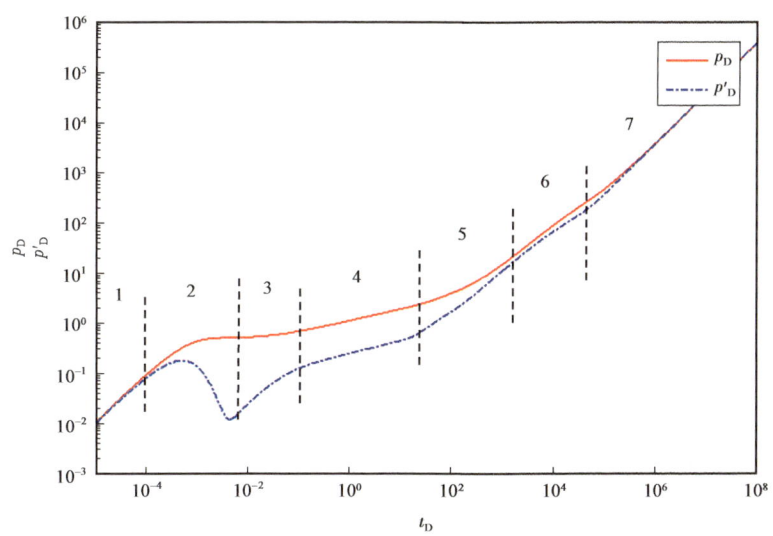

图4.7 压力动态响应曲线

第一阶段:表现为井筒储集效应,无量纲拟压力与其导数曲线重合,无量纲产量与其导数曲线重合,无量纲拟压力导数和时间的双对数曲线呈现为斜率1的直线,无量纲产量导数和时间的双对数曲线呈现为斜率 −1 的直线,表现在生产初期,持续时间非常短,在实际生产中很难观察到。

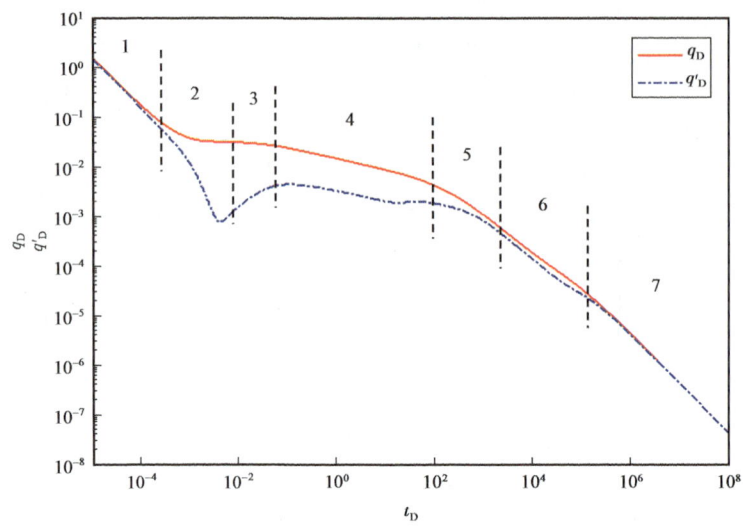

图 4.8 产量递减典型曲线

第二阶段:井筒储集效应结束后的过渡阶段,受储集效应和表皮效应影响,无量纲拟压力导数曲线缓慢上升后下降,无量纲产量导数曲线快速下降,向水力裂缝线性流过渡。

第三阶段:Ⅰ区线性流阶段,即水力裂缝线性流阶段,这个阶段的线性流表现在水力裂缝,无量纲拟压力导数和时间的双对数曲线呈现为斜率 1/2 的直线,水力裂缝中的气体是气源,产量递减速率放缓,无量纲产量导数曲线逐渐回升,无量纲产量导数和时间的双对数曲线呈现为斜率 −1/2 的直线。

第四阶段:Ⅰ区和Ⅱ区双线性流阶段,水力裂缝、改造区域裂缝系统和基质系统都为产量作贡献,无量纲拟压力导数和时间的双对数曲线呈现为斜率 1/4 的直线,无量纲产量和时间的双对数曲线下降平缓,无量纲产量导数和时间的双对数曲线呈现为斜率 −1/4 的直线,在双线性流阶段后期曲线轻微上翘,反映了双线性流向基质系统线性流的过渡。

第五阶段:Ⅱ区和Ⅲ区复合线性流阶段,Ⅲ区基质和改造区域基质系统气体在浓度差(压力差)下向裂缝系统供气,无量纲拟压力导数和时间的双对数曲线呈现为斜率 1/2 的直线,无量纲产量导数和时间的双对数曲线呈现为斜率 −1/2 的直线。

第六阶段:Ⅳ区、Ⅴ区和Ⅲ区复合双线性流阶段,外部基质区向改造区域供气,无量纲拟压力和时间的双对数曲线呈现为斜率 1/4~1/2 的直线。无量纲产量导数和时间的双对数曲线呈现为斜率 −1/2~−1/4 的直线。

第七阶段:边界流阶段,这一阶段是压力衰竭影响范围逐渐扩展至储层外边界后发生的拟稳态边界控制流,无量纲拟压力与其导数曲线重合,无量纲产量与其导数曲线重合,无量纲拟压力导数和时间的双对数曲线呈现为斜率 1 直线,无量纲产量导数和时间的双对

数曲线呈现为斜率 −1 直线。

4.3.2.2 页岩气流动阶段识别

页岩气井实际生产中,早期的第一阶段和第二阶段由于持续时间很短,同时存在早期的排液阶段,产量数据和压力数据通常波动较大,所以很难观察到这两个阶段。裂缝线性流、双线性流和基质线性流对应的第三、第四和第五阶段是生产的主要时间段。

对页岩气流动阶段的划分,可以通过无量纲拟压力和时间的双对数曲线图来识别页岩气的流动状态,根据无量纲拟压力和无量纲时间的定义式可知规整化拟压力($\psi_0-\psi_i$)/q_{sc} 和生产时间 t 的双对数曲线呈一直线,斜率为 1/2 对应线性流,斜率为 1/4 对应双线性流。

还可以通过规整化产量和时间的数据来判别流态,规整化产量 $q_{sc}/(\psi_0-\psi_i)$ 和生产时间 t 的双对数曲线也呈一直线,斜率为 −1/2 对应线性流,斜率为 −1/4 对应双线性流。此外 Blasingame 和 ILK 等提出 Blasingame 诊断法和 β 函数法也是识别页岩气流动状态的常用方法。

(1) Blasingame 诊断法。

用产量和时间或归一化产量与物质平衡时间的双对数图版即可判别线性流与双线性流,其中 −1/2 斜率对应具有高导流能力的线性流,−1/4 斜率对应低导流能力的双线性流。归一化产量表示为:$q/(p_i-p_{wf})$,物质平衡时间表示为 G_p/q,其中 q 为产量,t 表示时间,G_p 表示累计产量,p_i 为原始地层压力,p_{wf} 为井底流压。

(2) β 函数法。

β 函数是 ILK 和 Currie 等提出的基于恒定井底流压条件下流动阶段的识别方法。β 函数值是无量纲的,只需要产量数据和生产时间即可识别线性流和双线性流及边界控制流。β 函数法常用于对比同一区块的不同页岩气井的生产动态,实用性和对比性较强,运用方便。

$$\beta = -\frac{d(\ln q)}{d(\ln t)} = -\frac{t}{q}\frac{dq}{dt}$$

β 函数值在 0.25 和 0.5 之间表示页岩气流态为线性流,0.25 表示有限导流能力裂缝,0.5 表示无限导流能力裂缝。β 值超过 0.5 表示流态进入边界控制流阶段。

在页岩气井生产过程中,由于储层物性和生产制度的改变,页岩气的流动阶段存在重合甚至消失的情况,但是在同一气藏或同一区块依然可以通过页岩气流动阶段的划分和识别来评价页岩气藏压裂效果的好坏和初期产能的高低。

4.3.3 页岩气藏压裂水平井产量递减的影响因素

以五线性流模型为研究对象,选取影响产量递减的主要因素的不同值,绘制无量纲产量及其导数和时间的双对数图版,进行产量递减敏感性分析。

4.3.3.1 SRV 区域大小的影响

如图 4.9 所示，SRV 区域的宽度不影响产量递减曲线的总体形态，不同宽度值对应井筒储集效应阶段和裂缝线性流阶段的产量曲线和产量导数曲线重合，SRV 区域的宽度主要影响裂缝和基质的双线性流和基质线性流。SRV 区域宽度值越大，裂缝扩展越远，缝控储量越高，Ⅰ 区和 Ⅱ 区双线性流阶段持续时间越长，复合线性流阶段开始时间越晚，气井保持较高产量时间越久。

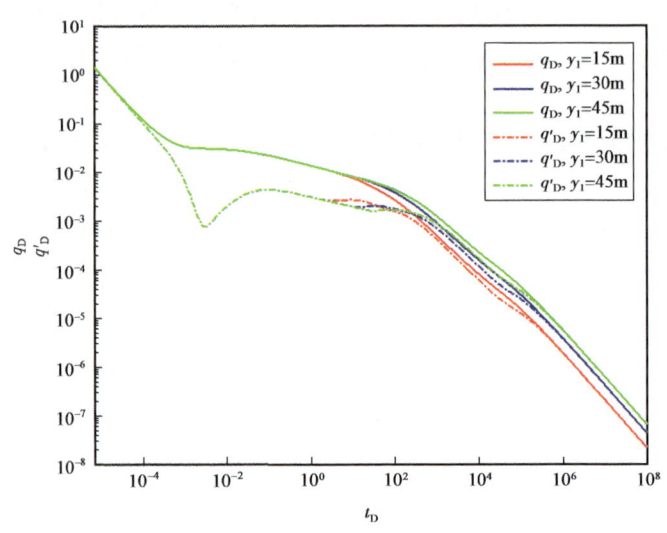

图 4.9 SRV 区域大小的影响

4.3.3.2 井筒储集系数的影响

如图 4.10 所示，井筒储集系数 C_D 主要影响生产初期，由于持续时间很短，实际生产中不易观察到。井筒储集系数越大，井筒储集效应持续时间越长，初期产量越高，裂缝线性流阶段持续时间越短且表现越不明显，裂缝线性流阶段及其以后的流动阶段对应的产量曲线和产量导数曲线重合，井筒储集效应几乎不影响裂缝线性流后面的生产阶段。

4.3.3.3 表皮系数的影响

表皮系数 S_c 表征井筒附近的伤害程度，表皮系数越大，伤害越大，流动阻力也越大，相同压差下的气井产量也就越低；如图 4.11 所示，表皮系数不影响井筒储集效应阶段的气体流动；表皮系数越大，无量纲产量导数曲线下凹越明显，表皮系数对早期的裂缝线性流影响较为明显，在裂缝和基质双线性流之后，这种影响逐渐降低直到几乎消失。

4.3.3.4 窜流系数的影响

窜流系数 λ 反映了基质和裂缝的物性差异，如图 4.12 所示，窜流系数越大，差异越大，基质系统中的流体就越容易流向裂缝系统，双线性流开始时间越早，持续时间越长，产量越高；窜流系数越小，物性差异越小，基质窜流开始时间越晚，持续时间越短，产量越低。窜流系数几乎不影响除双线性流之外的其他阶段的流动状态。

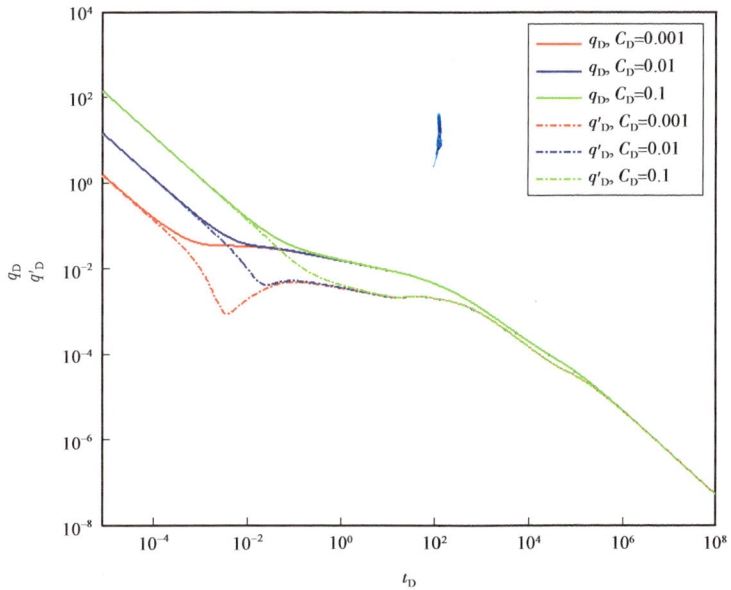

图 4.10 井筒储集系数的影响

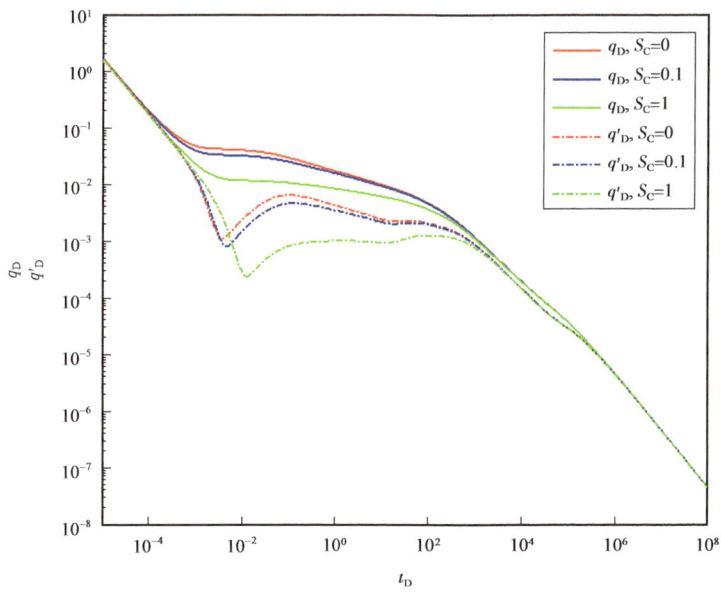

图 4.11 表皮系数的影响

4.3.3.5 裂缝导流能力的影响

裂缝导流能力 F_{CD} 反映了水力裂缝的渗流能力，如图 4.13 所示，裂缝渗透率越大，流体在裂缝中流动阻力越小，裂缝导流能力越强，裂缝线性流开始时间越早，气井产量也越高，裂缝导流能力几乎不影响产量递减各阶段的持续时间。

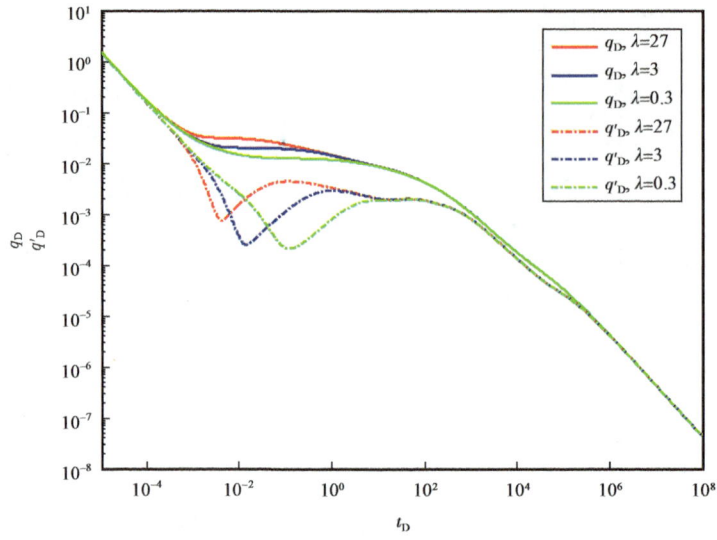

图 4.12 窜流系数的影响

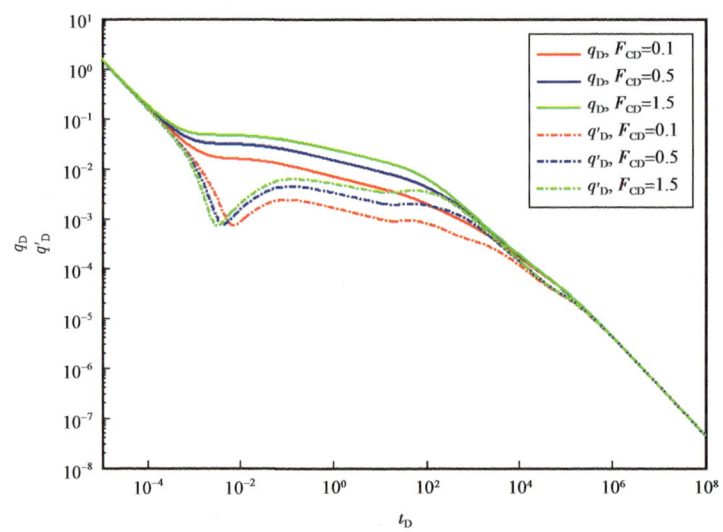

图 4.13 裂缝导流能力的影响

4.3.3.6 基质中吸附气和游离气的影响

在研究的基质—裂缝双孔介质考虑了基质系统中吸附气和游离气对裂缝系统的贡献时，引入吸附解吸指数 θ_1 和游离气指数 θ_2 来表征基质系统中吸附气和游离气对裂缝系统供气的影响。如图 4.14 所示，当不考虑基质系统对裂缝系统的供气时，即吸附解吸指数 θ_1 和游离气指数 θ_2 均为零时，水力裂缝和改造区域裂缝系统的双线性流阶段持续时间就很短；Langmuir 模型是基于压力的解吸附模型，当压力降低时，吸附气快速解吸，因此基质系统中吸附气对裂缝系统的贡献大于游离气。

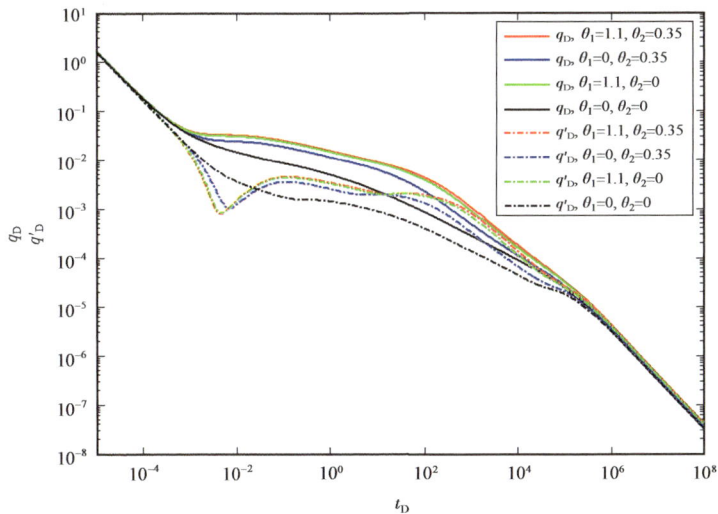

图 4.14 基质中吸附气和游离气的影响

4.4 昭通页岩气井产量递减分析技术

在实际生产的过程中，由于递减曲线分析法只需要产量数据即可拟合得到模型参数进行产量预测，因此在现场应用广泛。但是，在实际应用过程中，不同递减分析技术数据拟合情况受产量数据波动和生产时间影响较大，而且页岩气井由于其流动特征的特殊性，仅用单一方法分析得到的结果误差较大。鉴于此，本书利用目前应用广泛的现代产量递减曲线模型进行实际生产井的产量递减分析和预测，对其评价效果和误差进行分析，并将这些方法与利用前述五线性模型总结提出了基于递减曲线特征和递减指数的产量递减模型优选技术。该项方法针对页岩气井实际生产过程中不同类型的递减情况，提供了相应的递减分析方法，对不同的递减阶段采用不同的递减模型，使整体分析效果更贴近实际生产。该项技术的意义在于不仅对昭通示范区的现场生产提供更具科学性、针对性的指导，对我国内其他页岩气区块同样具有一定的借鉴意义。

通过对 ZB108 H1-1 井、ZB108 H1-3 和 ZB108 H1-5 井的实例分析，总结出产量递减模型的优选方法。

首先如果预测时间较短，本文提出的四个产量递减模型（Arps、Valko、Duong 和 Li 模型）可以综合使用，选取各种模型计算的平均值以提高预测准确性，具体选择流程为：

（1）产量递减曲线未出现"L"形特征时，可用 Li 模型和 Duong 模型预测产量，直到"L"形特征出现。

（2）产量递减曲线出现"L"形特征后，用 Arps 模型拟合曲线，如果符合指数递减规律，可用 Arps 模型和 Valko 模型预测产量；如果符合双曲递减规律，可用 Arps 模型、Valko 模型、Duong 模型和 Li 模型一同预测产量。

（3）在生产过程中进行过其他作业导致产量递减曲线呈阶段性递减特征，生产时间较短且曲线整体趋势呈"L"形特征，参照步骤（2）进行模型优选，如果作业后生产时间较长，可以选择新的递减阶段为对象进行模型拟合和模型优选。

（4）取多种模型计算结果的平均值以提高预测准确性。

（5）生产时间越长，预测精度越高，随着生产的进行需要进行数据更新和拟合修正。

当预测时间比较长时，可以首先使用五线性流模型判断流动阶段，如果在预测时间内都处于线性流阶段，则使用Duong模型和Li模型计算的平均值即可，但是当气井生产历史足够长或出现边界控制流特征，使用Arps模型和Valko模型计算的平均值即可。

4.4.1 递减曲线模型实例分析

4.4.1.1 ZB108 H1-1井

ZB108 H1-1井是四川盆地昭通区块的一口页岩气井，生产时间为1154天，ZB108 H1-1井在生产过程多次采取了关井复压措施，因此产量递减曲线呈现多次明显的不定期阶段性递减。由于ZB108 H1-1井每次阶段性递减持续时间较短，难以对每个递减阶段采取模型拟合，为了评价前文提出的产量递减模型的适用性，分别对一年、两年和三年产量数据进行模型拟合，拟合情况如图4.15至图4.17所示。

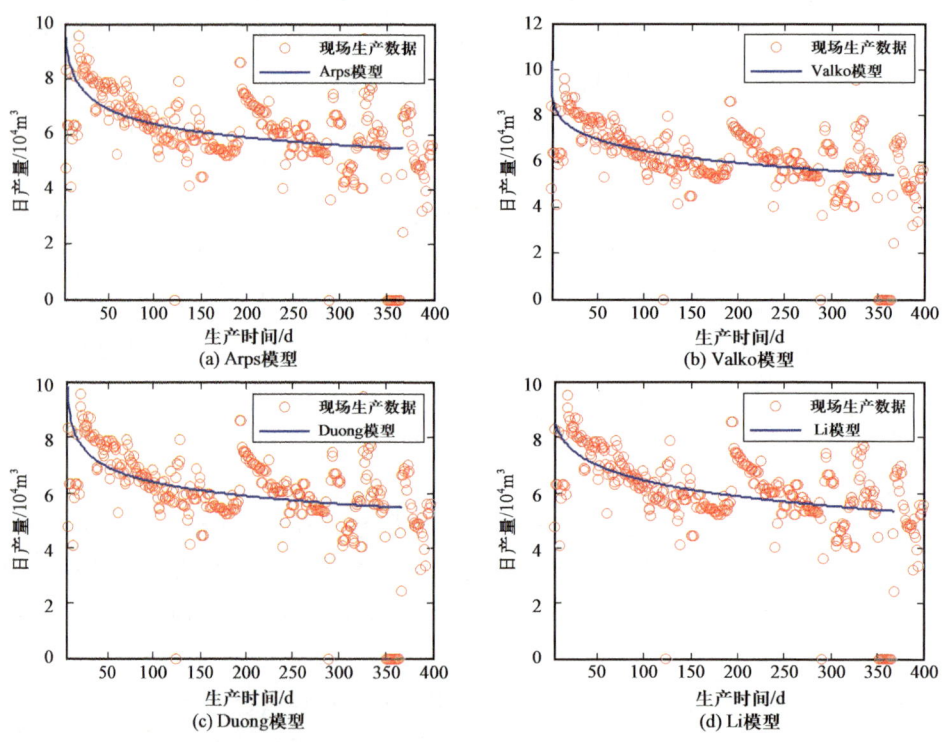

图4.15 产量递减模型拟合ZB108 H1-1井一年产量数据

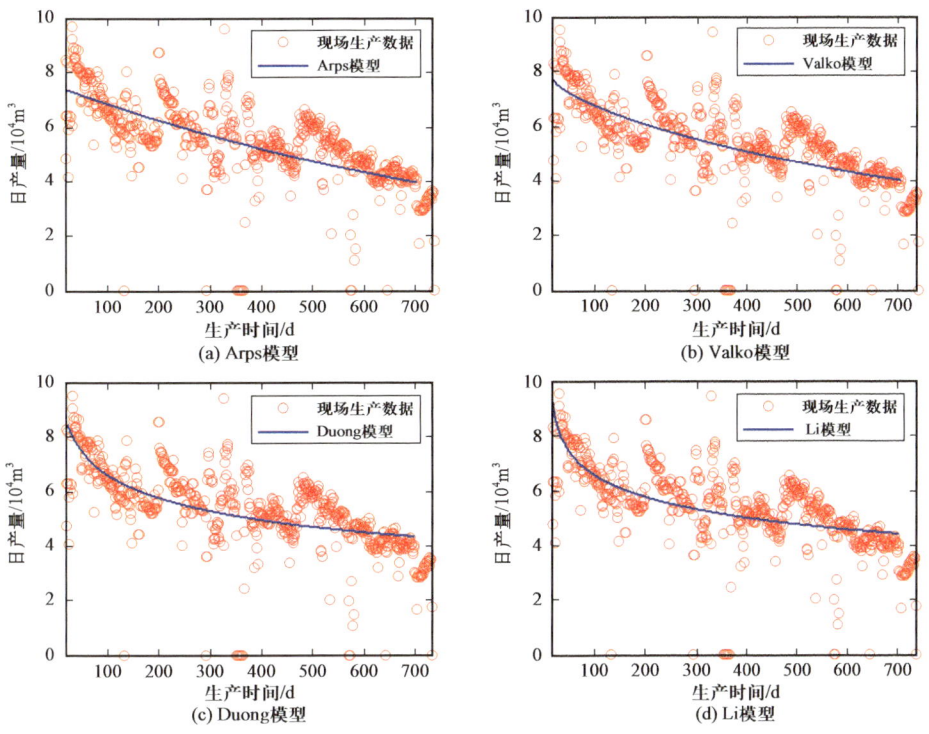

图 4.16 产量递减模型拟合 ZB108 H1-1 井两年产量数据

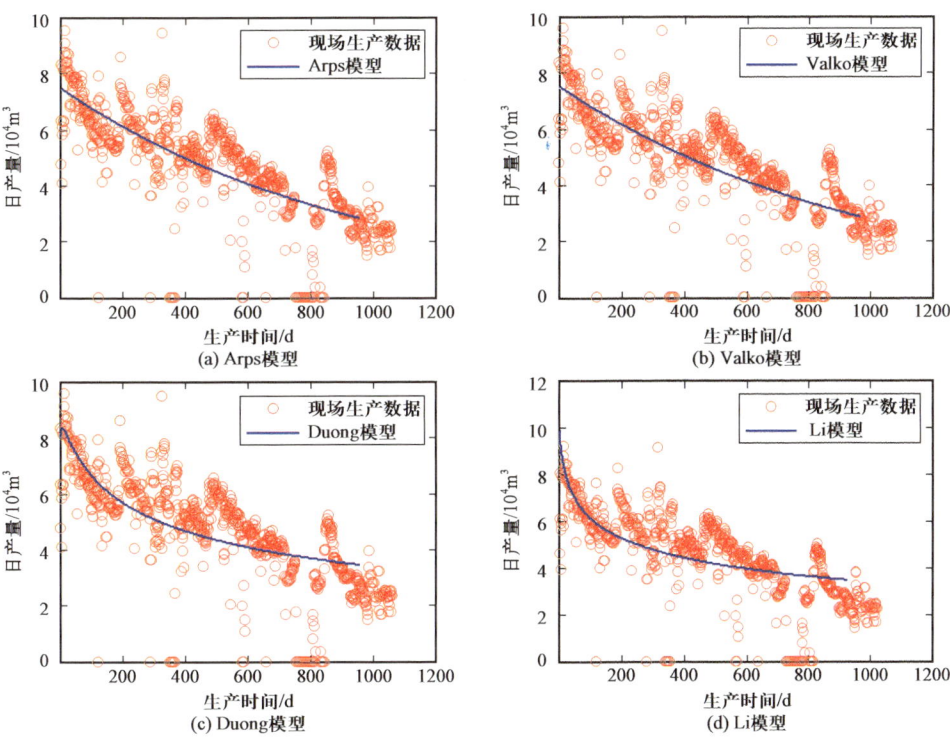

图 4.17 产量递减模型拟合 ZB108 H1-1 井三年产量数据

通过拟合得到产量递减模型参数,不同模型选取不同的生产时间段得到的模型参数不同,见表4.4。

表4.4 ZB108 H1-1井产量递减模型参数

模型	模型参数	一年拟合	两年拟合	三年拟合
Arps	$q_i/(10^4 m^3/d)$	9.54	7.31	7.54
	n	8.64	0	0
	D	0.036	0.001	0.001
Valko	$q_i/(10^4 m^3/d)$	10.38	7.77	7.54
	n	0.24	0.75	0.98
	τ	2261.25	1257.49	974.96
Duong	$q_i/(10^4 m^3/d)$	9.87	8.06	5.87
	m	1.01	1.05	1.09
	a	0.93	1.13	1.39
Li	$q_1/(10^4 m^3/d)$	8.61	9.28	10.31
	λ	0.013	0.017	0.022

单井累计产量预测误差是评价模型适用性的重要指标,根据前文提出的累计产量计算方法,可以计算得到Arps模型、Valko模型、Duong模型和Li模型对应的单井累计产量。用Arps1、Arps2、Arps3分别表示Arps模型拟合一年、两年和三年产量数据,其他三个模型拟合一年、两年和三年产量数据后得到的模型表达式也是这样表示。单井累计产量预测误差用模型计算累计产量和实际累计产量的相对误差表示,计算结果见表4.5。

表4.5 ZB108 H1-1井产量递减模型预测结果和预测误差

模型	一年累计产量/$10^8 m^3$	预测误差/%	两年累计产量/$10^8 m^3$	预测误差/%	三年累计产量/$10^8 m^3$	预测误差/%	EUR/$10^8 m^3$
Arps1	0.2280	3.1	0.4177	6.9	0.5804	24.1	3.2174
Arps2	0.2304	4.2	0.3934	0.7	0.5028	7.5	0.8294
Arps3	0.2317	4.8	0.3871	0.9	0.4863	3.9	0.7347
Valko1	0.2280	3.1	0.4118	5.3	0.5643	20.6	2.6678
Valko2	0.2297	3.9	0.3940	0.8	0.5116	7.0	1.1119
Valko3	0.2318	4.9	0.3875	0.8	0.4868	4.1	0.7348

续表

模型	一年累计产量/$10^8 m^3$	预测误差/%	两年累计产量/$10^8 m^3$	预测误差/%	三年累计产量/$10^8 m^3$	预测误差/%	EUR/$10^8 m^3$
Duong1	0.2286	3.3	0.4176	6.8	0.5788	23.7	3.9251
Duong2	0.2258	2.1	0.3946	0.9	0.5305	13.4	2.4746
Duong3	0.2250	1.7	0.3781	3.3	0.4947	5.7	2.1381
Li1	0.2285	3.3	0.4114	5.3	0.5637	20.5	3.7527
Li2	0.2249	1.7	0.3947	1.0	0.5326	13.9	2.3653
Li3	0.2211	0.1	0.3752	4.0	0.4964	6.1	1.9462
实际累计产量	0.2211	—	0.3908	—	0.4678	—	

根据 ZB108 H1-1 井产量递减模型预测结果和预测误差分析可知，第一年处于产量数据波动阶段，用 Arps 模型拟合得到的递减指数 n 为 8.64，超出递减指数范围，称为广义 Arps 模型。此阶段拟合得到的模型在预测第二年产量时的误差为 5.3%～6.9%，但预测第三年产量时的误差为 20.5%～24.1%。

从产量递减曲线可以看出，第二年产量曲线虽然呈现阶段性递减特征，但从快速递减阶段过渡到缓慢递减阶段的趋势任然没有改变，呈现"L"形特征，用 Arps 模型拟合得到的递减指数 n 为 0，为指数递减，此阶段拟合得到的 Arps 模型和 Valko 模型预测第三年产量时的误差为 7.5% 和 7%，而 Duong 模型和 Li 模型预测误差为 13.4% 和 13.9%。因此建议当 Arps 模型符合指数递减时，使用 Arps 模型和 Valko 模型进行产量预测。

产量数据波动阶段（第一年）拟合得到的四个模型计算的 EUR 与缓慢递减阶段数据（第二年和第三年）拟合计算得到的 EUR 相差巨大。因此认为产量数据波动较大且未表现出"L"形特征时，产量递减模型只能用于未来一年的产量预测，不宜用来预测 EUR。

4.4.1.2 ZB108 H1-3 井

ZB108 H1-3 井是四川盆地昭通区块的一口页岩气井，生产时间为 1214 天，采用 ZB108 H1-1 井的评价思路和评价方法对模型进行拟合和误差分析，拟合情况如图 4.18 至图 4.20 所示，模型参数见表 4.6，误差计算结果见表 4.7。

根据 ZB108 H1-3 井产量递减模型预测结果和预测误差分析可知，第一年虽然产量数据波动，但整体趋势呈现"L"形特征，用 Arps 模型拟合得到的递减指数 n 为 0，符合指数递减。此阶段拟合得到的 Arps 模型和 Valko 模型在预测第三年产量时的误差均为 13.9%，但 Duong 模型和 Li 模型预测第三年产量时的误差为 17.8% 和 21.9%。因此可以认为当 Arps 模型符合指数递减时，使用 Arps 模型和 Valko 模型预测精度更高，这与 ZB108 H1-1 井的分析结论一致。

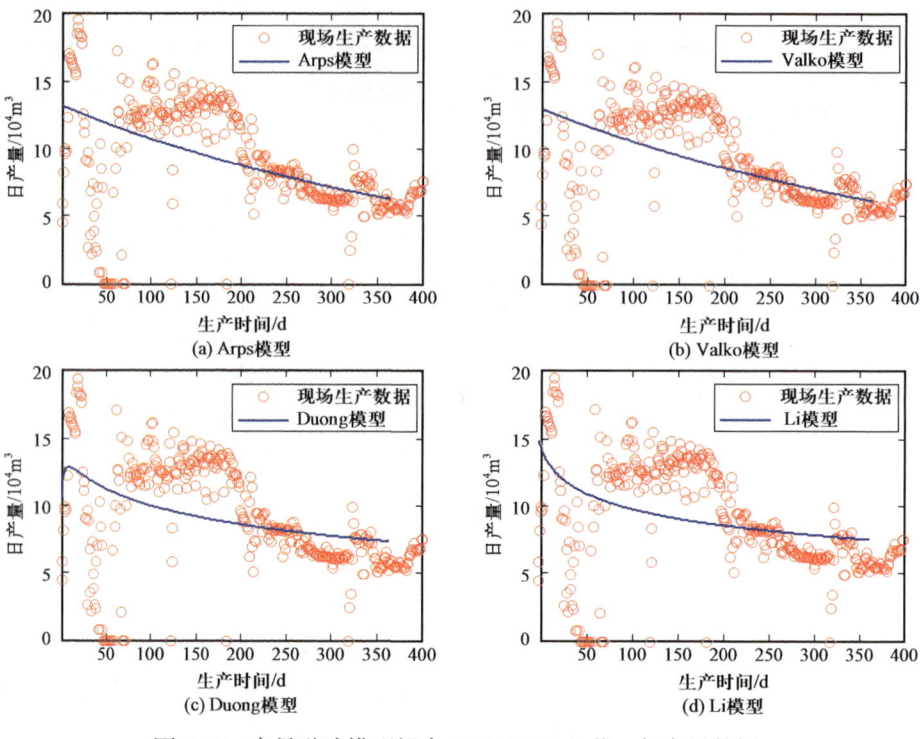

图 4.18　产量递减模型拟合 ZB108 H1-3 井一年产量数据

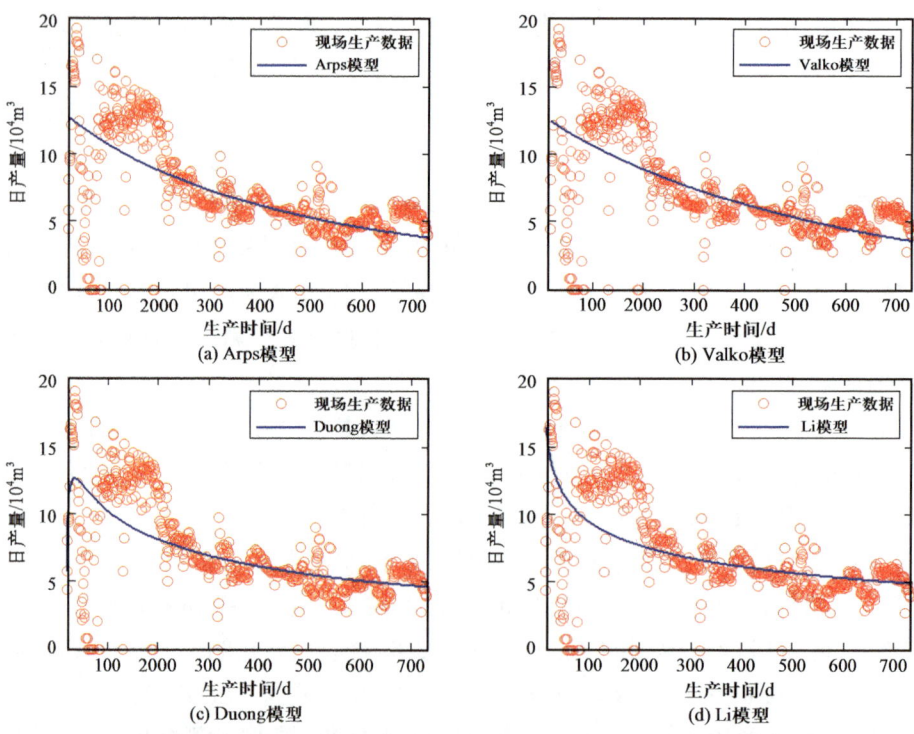

图 4.19　产量递减模型拟合 ZB108 H1-3 井两年产量数据

4 昭通页岩气示范区页岩气井产量递减分析及 EUR 计算

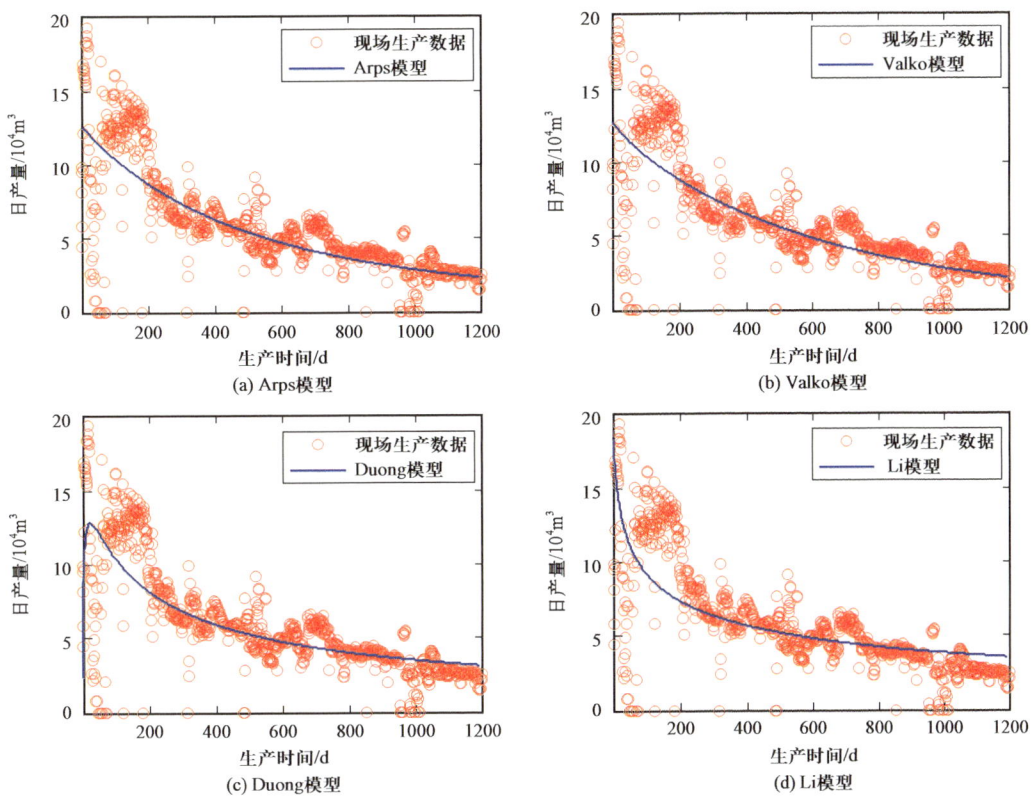

图 4.20 产量递减模型拟合 ZB108 H1-3 井三年产量数据

表 4.6 ZB108 H1-3 井产量递减模型参数

模型	模型参数	一年拟合	两年拟合	三年拟合
Arps	$q_i/(10^4 m^3/d)$	13.01	12.76	12.72
	n	0	0.42	0.40
	D	0.002	0.002	0.002
Valko	$q_i/(10^4 m^3/d)$	13.01	12.53	12.72
	n	1.00	0.95	0.87
	τ	489.71	599.01	615.74
Duong	$q_i/(10^4 m^3/d)$	10.49	58.15	23.78
	m	1.08	1.15	1.21
	a	1.27	1.74	2.36
Li	$q_1/(10^4 m^3/d)$	14.69	16.66	18.39
	λ	0.019	0.027	0.033

表 4.7　ZB108 H1-3 井产量递减模型预测结果和预测误差

模型	一年累计产量 / $10^8 m^3$	预测误差 / %	两年累计产量 / $10^8 m^3$	预测误差 / %	三年累计产量 / $10^8 m^3$	预测误差 / %	EUR / $10^8 m^3$
Arps1	0.3344	2.9	0.4938	8.4	0.5674	13.9	0.6376
Arps2	0.3358	2.5	0.5230	2.9	0.6399	3.3	0.9929
Arps3	0.3362	2.4	0.5242	2.7	0.6414	3.0	0.9848
Valko1	0.3344	2.9	0.4938	8.4	0.5694	13.9	0.6377
Valko2	0.3371	2.1	0.5228	3.0	0.6273	5.2	0.7676
Valko3	0.3357	2.5	0.5269	2.2	0.6419	3.0	0.8400
Duong1	0.3352	2.7	0.5757	6.8	0.7792	17.8	2.8421
Duong2	0.3229	6.2	0.5243	2.7	0.6809	2.9	1.9176
Duong3	0.3217	6.6	0.5071	5.9	0.6429	2.8	1.5508
Li1	0.3353	2.6	0.5864	8.8	0.8064	21.9	3.3031
Li2	0.3161	8.2	0.5243	2.7	0.6970	5.4	2.3683
Li3	0.3082	10.5	0.4936	8.4	0.6417	3.0	1.9291
实际累计产量	0.3445	—	0.5388	—	0.6615	—	—

用 Arps 模型拟合两年和三年的生产数据得到的递减指数 n 介于 0 和 1 之间，符合双曲递减，递减曲线也呈现明显的"L"形特征，四个模型的预测误差为 2.9%～5.4%，均具有较高的预测精度。因此建议当 Arps 模型符合双曲递减时，同时使用四个模型进行产量预测，取预测的平均值以提高预测精度。

通过对 ZB108 H1-1 井和 ZB108 H1-3 井的实例分析，总结出产量递减模型的优选方法：

（1）产量递减曲线未出现"L"形特征时，可用 Li 模型和 Duong 模型预测产量，直到"L"形特征出现。

（2）产量递减曲线出现"L"形特征后，用 Arps 模型拟合曲线，如果符合指数递减规律，可用 Arps 模型和 Valko 模型预测产量；如果符合双曲递减规律，可用 Arps 模型、Valko 模型、Duong 模型和 Li 模型一同预测产量。

（3）在生产过程中进行过其他作业导致产量递减曲线呈阶段性递减特征，生产时间较短且曲线整体趋势呈"L"形特征，参照步骤（2）进行模型优选，如果作业后生产时间较长，可以选择新的递减阶段为对象进行模型拟合和模型优选。

（4）取多种模型计算结果的平均值以提高预测准确性。

（5）生产时间越长，预测精度越高，随着生产的进行需要数据更新和拟合修正。

4.3.2 五线性流模型实例分析

ZB108 H1-5 井和 ZB108 H1-1 井是相同区块同一平台的两口井，ZB108 H1-1 井情况在前文有所介绍，两口井储层情况基本一致，ZB108 H1-5 井完钻井深 4203m，完钻层位是龙马溪组，水平段长 1438m，采用含纤维降阻水加胶液的液体体系进行压裂施工，压裂级数 15 级，平均每级 79m。ZB108 H1-3 井生产动态曲线如图 4.21 所示。

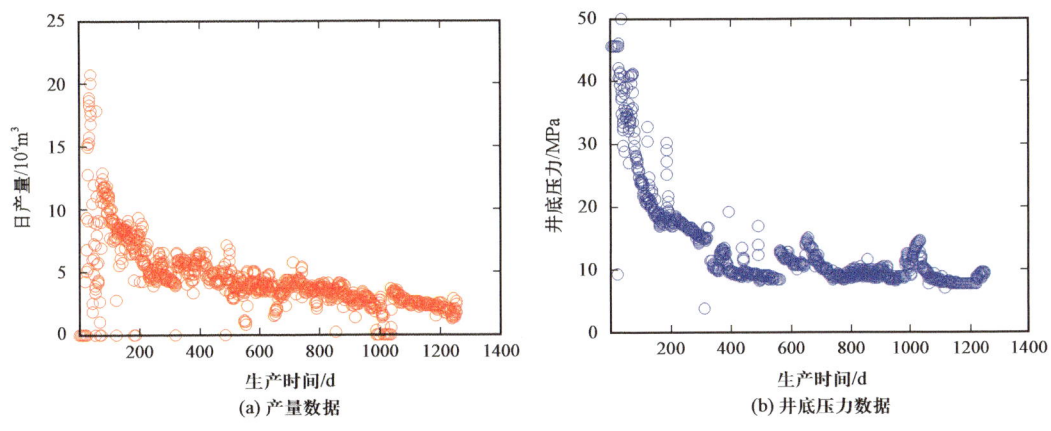

图 4.21 ZB108 H1-3 井生产动态曲线

从生产动态曲线的趋势来看，产量和井底压力相关性较强，数据具有可靠性，用五线性流模型来拟合生产数据，模型计算参数见表 4.8，无量纲化后的产量和时间与模型图版拟合情况如图 4.22 所示，可以看出拟合效果良好。

表 4.8 基于五线性流模型的 ZB108 H1-3 井模型参数

储层参数	取值	储层参数	取值
研究区域尺寸 $x_e \times y_e \times h/(m \times m \times m)$	$98 \times 40 \times 26.4$	Ⅲ区基质扩散系数 $D_{3m}/(cm^2/s)$	5×10^{-6}
Ⅱ区尺寸 $x_f \times y_1 \times h/(m \times m \times m)$	$87 \times 30 \times 26.4$	Ⅳ区基质扩散系数 $D_{4m}/(cm^2/s)$	2.5×10^{-6}
水力裂缝宽度 W_F/m	0.006	Ⅴ区基质扩散系数 $D_{5m}/(cm^2/s)$	1×10^{-6}
无因次裂缝导流能力 F_{CD}	4.7	非 SRV 渗透率 /mD	0.0001
水力裂缝半长 /m	87	等温吸附体积 $V_L/(cm^3/g)$	3
基质孔隙度 /%	4.7	等温吸附压力 p_L/MPa	4
Ⅱ区裂缝系统渗透率 /mD	0.003	表皮系数 S_c	0.09
Ⅱ区基质系统扩散系数 $D_{2m}/(cm^2/s)$	4.5×10^{-5}	无量纲井筒储集系数	0.00098

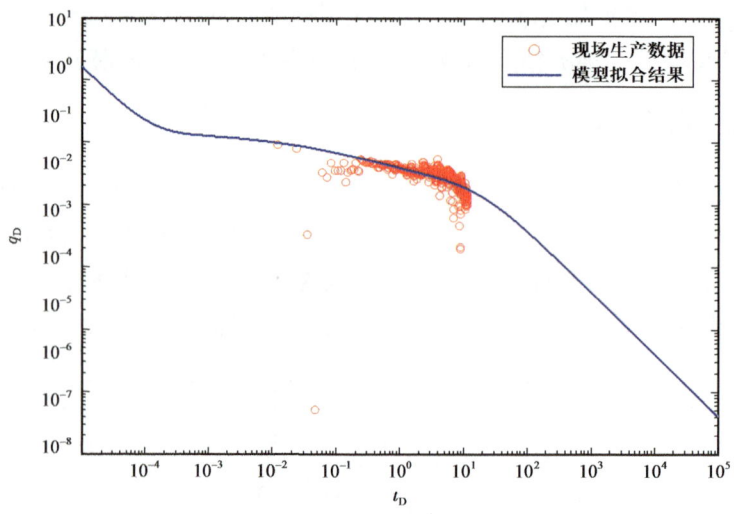

图 4.22　五线性流模型计算结果和 ZB108 H1-3 井实际生产数据拟合

无量纲化产量图版有量纲化后与产量数据和累计产量数据拟合，也可以看出具有良好的拟合效果，如图 4.23 所示。根据流动阶段划分原则，储集效应和表皮效应影响阶段的产量数据和压力数据波动较大，数据点偏离模型图版，但是从拟合曲线（图 4.23）可以看出，早期数据点的偏离不影响后续数据的拟合和演绎，ZB108 H1-3 井页岩气流动目前处于双线性流阶段。

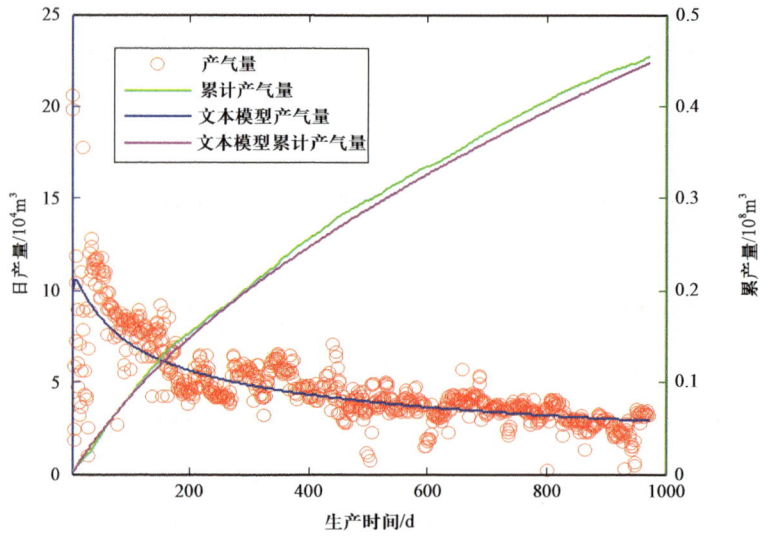

图 4.23　五线性流模型拟合 ZB108 H1-3 井结果

页岩气井产量数据呈"L"形特征，初期递减迅速，后期数据平缓，使用 Arps 模型、Valko 模型、Duong 模型和 Li 模型对 ZB108 H1-3 井产量数据进行拟合，如图 4.24 和图 4.25 所示，可以看出这四个模型都能与产量递减数据拟合。根据表 4.9 产量递减模型和

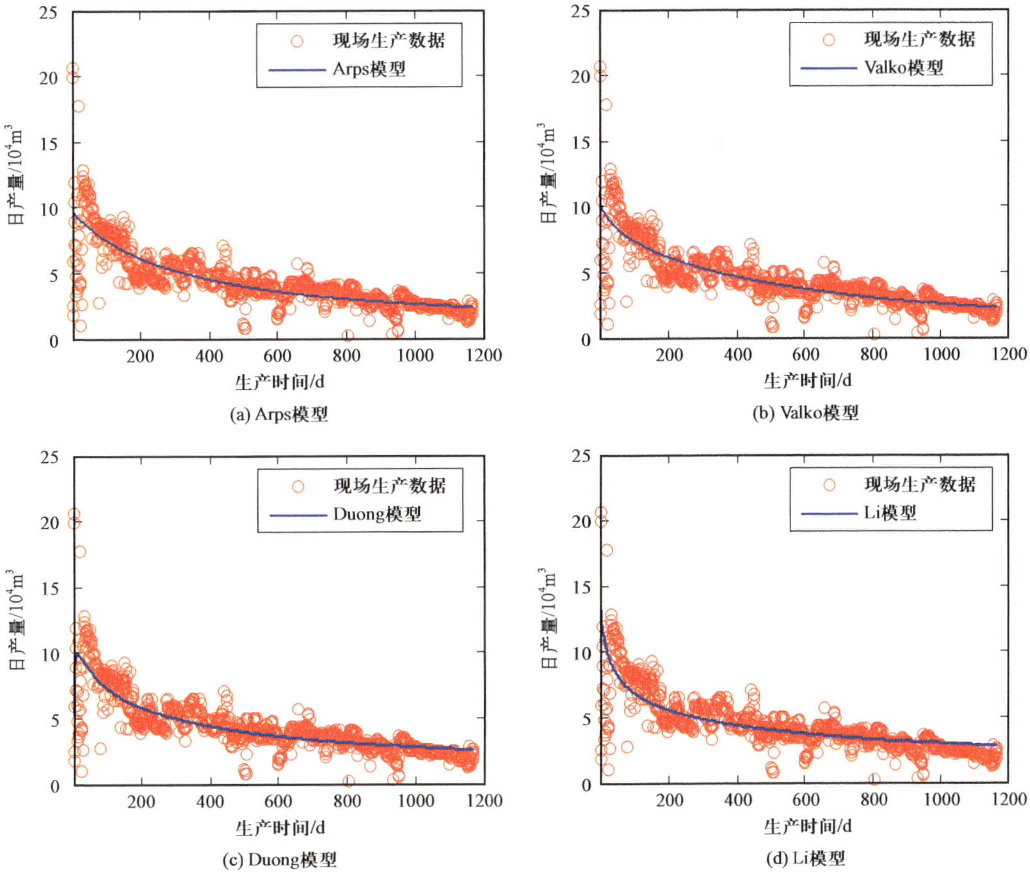

4 昭通页岩气示范区页岩气井产量递减分析及 EUR 计算

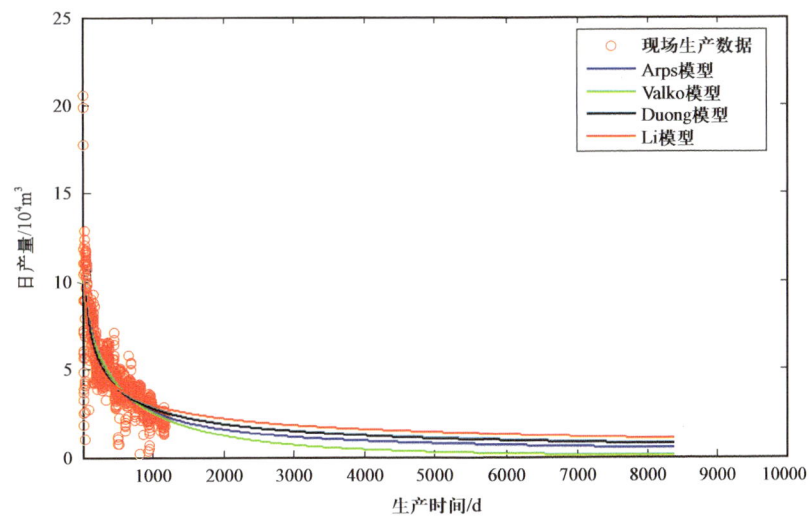

图 4.24 产量递减模型拟合 ZB108 H1-3 井产量数据

图 4.25 ZB108 H1-3 井产量预测

五线性流模型拟合 ZB108 H1-3 井产量数据情况，四个产量递减模型与五线性流模型预测的 3 年可采储量精确度都很高，基于线性流理论的 Duong 模型和 Li 模型预测的 20 年可采储量与五线性流模型预测值较为相近。由于生产后期页岩气流动会进入边界控制流阶段，Duong 模型和 Li 模型在产量预测时就较为乐观。

表 4.9　产量递减模型和五线性流模型拟合 ZB108 H1-3 井产量数据情况

模型	产量拟合误差 / %	累计产量拟合误差 / %	预测 3 年可采储量 / $10^8 m^3$	预测 20 年可采储量 / $10^8 m^3$
Arps 模型	22.1	0.1	0.4990	1.1683
Valko 模型	22	0.1	0.4984	0.8582
Duong 模型	19.5	0.5	0.5013	1.3978
Li 模型	18.7	0.8	0.5027	1.6149
五线性流模型	16.3	0.2	0.4996	1.2435
实际累计产量	—	—	0.4987	—

因此，在使用产量递减模型进行产量递减分析和预测时，如果预测时间较短，本文提出的四个产量递减模型可以综合使用，选取各种模型计算的平均值以提高预测准确性；当预测时间比较长时，可以首先使用五线性流模型判断流动阶段，如果在预测时间内都处于线性流阶段，则使用 Duong 模型和 Li 模型计算的平均值即可，但是当气井生产历史足够长或出现边界控制流特征，使用 Arps 模型和 Valko 模型计算的平均值即可。

参 考 文 献

[1] 熊伟,郭为,刘洪林,等.页岩的储层特征以及等温吸附特征[J].天然气工业,2012,32(1):113-116,130.
[2] Connell-Madore S, Katsube T J. Pore-size Distribution Characteristics of Beaufort-Mackenzie Basin Shale Samples, Northwest Territories[J]. Madore, 2006.
[3] 邹才能,李建忠,董大忠,等.中国首次在页岩气储集层中发现丰富的纳米级孔隙[J].石油勘探与开发,2010,37(5):508-509.
[4] R G, R M, S C, et al. Spectrum of pore types and networks in mudrocks and a descriptive classification for matrix-related mudrock pores[J]. AAPG Bulletin, 2012, 96(6): 1071-1098.
[5] R M, N R. Pore types in the Barnett and Woodford gas shales: Contribution to understanding gas storage and migration pathways in fine-grained rocks[J]. AAPG BULLETIN, 2011, 95(12): 2017-2030.
[6] 近藤精一,石川达雄,安部郁夫,等.吸附科学[M].北京:化学工业出版社,2006.
[7] 郭静,张芬丽,刘玉霞.微介孔复合材料孔径分析方法对比[J].河南化工,2017,34(9):52-55.
[8] 孙寅森.鄂尔多斯盆地东部山西组页岩孔隙表征及控制因素[D].北京:中国地质大学(北京),2019.
[9] 方帆,孙冲,舒向伟,等.页岩中甲烷等温吸附量计算问题及方法改进[J].石油实验地质.2018,40(1):71-77,89.
[10] 高永利,李腾,关新,等.基于重量法的页岩气高压等温吸附研究[J].石油实验地质,2018,40(4):566-572.
[11] 胡涛,马正飞,姚虎卿.甲烷超临界高压吸附等温线研究[J].天然气化工,2002(2):36-40.
[12] 张志英,杨盛波.页岩气吸附解吸规律研究[J].实验力学,2012,27(4):492-497.
[13] 梁洪彬,向祖平,肖前华,等.页岩气吸附模型对比分析与应用[J].大庆石油地质与开发,2017,36(6):159-167.
[14] 温海龙.四川地区海相页岩等温吸附解吸特性研究[D].北京:中国石油大学(北京),2016.
[15] BRUNAUER S, DEMING L S, DEMING W E, et al. On a theory of the van der Waals adsorption of gaese[J]. Journal of the American Chemical Society, 1940, 62(7): 1723-1732.
[16] FRIPIAT J J, GATINEAU L, DAMME H V. Multilayer physical adsorption on fractal surfaces[J]. Langmuir, 1986, 2(5): 562-567.
[17] CLARKSON, C R, BUSTIN R M, LEVY J H. Application of the mono/multilayer and adsorption potential theories to coal methane adsorption isotherms at elevated temperature and pressure[J]. Carbon, 1997.
[18] 窦高磊.深层高压页岩气吸附规律研究[D].西安:西安石油大学,2019.
[19] 魏思乐.鄂西黄陵背斜南翼下寒武统水井沱组页岩储层特征及页岩气赋存机理[J].石油学报,2020,1.
[20] 张烈辉,郭晶晶,唐洪明.页岩气藏开发基础[M].北京:石油工业出版社,2014.
[21] 王行信,蔡进功,包于进.黏土矿物对有机质生烃的催化作用[J].海相油气地质,2006(3):27-38.
[22] 高凤琳,宋岩,姜振学,等.黏土矿物对页岩储集空间及吸附能力的影响[J].特种油气藏,2017,24(3):1-8.
[23] 吉利明,邱军利,夏燕青,等.常见黏土矿物电镜扫描微孔隙特征与甲烷吸附性[J].石油学报,2012,33(2):249-256.
[24] 陈曼霏.涪陵平桥和梓里场区块五峰组—龙马溪组一段页岩孔隙结构和吸附性能研究[D].北京:

中国地质大学，2019.

[25] Terzaghi. The shearing resistance of saturated soils and the angle between the planes of shear [C]. Proceedings of the 1st International Conference of Soil Mechanics and Foundation Engineering. Cambridge, England, 1936: 54–56.

[26] NUR A, BYERLEE J D. An exact effective stress law for elastic deformation of rock with fluids [J]. Journal of Geophysical Research, 1971, 76 (26): 6414–6419.

[27] 张睿, 宁正福, 赵凯, 等. 低渗透储层应力敏感问题研究现状 [A]. 大庆油田有限责任公司采油工程研究院.《采油工程》第3卷第1册：大庆油田有限责任公司采油工程研究院, 2013: 4.

[28] DAVID C, WONG T, ZHU W, et al. Laboratory measurement of compaction-induced permeability change in porous rocks: implications for the generation and maintenance of pore pressure excess in the crust [J]. Pure and Applied Geophysics, 1994, 143: 425–456.

[29] PIERCE HR, RAWLINS EL. The Study of A Fundamental Basis for Controlling and Gauging Natural-Gas Wells, Part1——Computing the Pressure at the Sand in a Gas Well: Rept. of Investigations of 2929 [R]. Washington DC: USBureau of Mines, 1929.

[30] 庄惠农. 气藏动态描述和试井 [M]. 北京：石油工业出版社, 2009.

[31] CULLENDER MH. The Isochronal Performance Methods of Determining the Flow Characteristics of Gas Wells [M]. Transactions of the AIME, 1955, 204: 137–142.

[32] KATZ DL, CORNELL D, KOBAYASHI R, et al. Handbook of Natural Gas Engineering [M]. New York: McGraw-Hill Book Co., Inc., 1959.

[33] 李士伦等编著. 天然气工程 第2版 [M]. 北京：石油工业出版社, 2008.

[34] HAGEDORN R A, BROWN, et al. Experimental Study of Pressure Gradients Occurring During Continuous Two-Phase Flow in Small-Diameter Vertical Conduits [J]. Journal of Petroleum Technology, 1965, 17 (4).

[35] BEGGS, H. D, BRILL, et al. A Study of Two-Phase Flow in Inclined Pipes [J]. Journal of Petroleum Technology, 1973, 25 (5).

[36] H. M, P. B J. Pressure Drop Correlations for Inclined Two-Phase Flow [J]. Journal of Energy Resources Technology, 1985, 107 (4).

[37] ORKISZEWSKI J. Predicting Two-Phase Pressure Drops in Vertical Pipe [J]. Journal of Petroleum Technology, 1967, 19 (6): 829–838.

[38] 居迎军, 刘晓光, 高永亮, 等. 多相管流摩阻计算方法综述 [J]. 中国石油和化工, 2008 (10): 55–58.

[39] AZIZ, KHALID, GOVIER, et al. Pressure Drop In Wells Producing Oil And Gas [J]. Journal of Canadian Petroleum Technology, 1972, 11 (3).

[40] 王修武, 罗威, 刘捷, 等. 油气水多相管流预测方法研究 [J]. 特种油气藏, 2018, 25 (2): 70–75.

[41] ANSARI, M. A, SYLVESTER, et al. A Comprehensive Mechanistic Model for Upward Two-Phase Flow in Wellbores [J]. SPE Production & Facilities, 1994, 9 (2).

[42] 葛家理. 油气层渗流力学 [M]. 北京：石油工业出版社, 1982.

[43] 陈元千. 油气藏工程计算方法 [M]. 北京：石油工业出版社, 1990.

[44] 罗银富, 黄炳光, 王怒涛, 等. 异常高压气藏气井三项式产能方程 [J]. 天然气工业, 2008, 28 (12): 81–82.

[45] 王军民, 张公社, 陆小锋, 等. 三项式产能方程在普光气田的应用 [J]. 天然气技术与经济, 2012, 6 (2): 36–37.

[46] 肖香姣，毕研鹏，王小培，等.一种新的考虑应力敏感影响的三项式产能方程［J］.天然气地球科学，2014，5（25）：767-770.

[47] 刘冠南，余洪骥.缩短气井产能试井时间的新方法［J］.中国海上油气（地质），1991，5（4）：31-43.

[48] 温伟明，朱绍鹏，李茂，等.海上异常高压气藏应力敏感特征及产能方程：以莺歌海盆地为例［J］.天然气工业，2014，34（9）：59-63.

[49] 邓佳琪.一种确定页岩气井合理配产的方法［J］.江汉石油职工大学学报，2018，31（5）：48-51.

[50] 宋传真，郑荣臣.致密低渗气藏储层应力敏感性及其对单井产能的影响［J］.大庆石油地质与开发，2006，（6）：47-49.

[51] BRUNAUER STEPHEN, DEMING LOLA S., DEMING W. EDWARDS 等. On a Theory of the van der Waals Adsorption of Gases［J］. Jamchemsoc, 1940, 62（7）：1723-1732.

[52] 刘建仪，何汶亭，廖鑫怡.考虑应力敏感和压裂液影响的页岩气井动态产能评价方法［J］.科学技术与工程，2020，v.20；No.512（7）：143-149.

[53] 张烈辉，陈果，赵玉龙，等.改进的页岩气藏物质平衡方程及储量计算方法［J］.天然气工业，2013，33（12）：66-70.

[54] 陈元千.地层水物性的相关经验公式［J］.试采技术，1990，11（3）：31-33.

[55] VAN Everdingen A F, HURST W.The application of the Laplace transformation to flow problems in reservoirs.Transactions of the Iron and Steel Society of AIME.1949.

[56] ARPS J J. Analysis of decline curves［J］. Transactions of the AIME, 1945, 160（01）：228-247.

[57] DUONG A N. An unconventional rate decline approach for tight and fracture-dominated gas wells［C］. SPE paper 137748 presented at Canadian Unconventional Resources and International Petroleum Conference, Calgary, Alberta, Canada, 2010.

[58] VALKO P P, LEE W J.A better way to forecast production from unconventional gas wells［C］. SPE paper 134231 presented at SPE Annual Technical Conference and Exhibition, Florence, Italy, 2010.

[59] VALKO P P. Assigning value to stimulation in the Barnett Shale：a simultaneous analysis of 7000 plus production hystories and well completion records［C］. SPE paper 119369 presented at SPE Hydraulic Fracturing Technology Conference, The Woodlands, Texas, 2009.

[60] 李海涛，王科，补成中，等.预测页岩气单井产量及最终储量的经验法分析［J］.特种油气藏，2019.26（3）.

[61] 孔祥言.高等渗流力学［M］.合肥：中国科学技术大学出版社.2010.

[62] 赵玉龙.基于复杂渗流机理的页岩气藏压裂井多尺度不稳定渗流理论研究［D］.成都：西南石油大学，2015.

[63] 刘洪.页岩气藏早期产能评价［M］.北京：石油工业出版社.2018.